Cher Jean et Beatrice et neveu
Je vous envoie cette vous souhait
et bonne et heureuse année et mini'cor
mes meilleurs voeux père qui
vous embrasse

Cher Jean et Be... neveu
cette vous souhait
...née et mini'cor

Cher Jean et Beatrice et

Je vous envoie ce

et bonne et heureuse année et

nos meilleurs vœux

basse

Cher Jean et Beatrice et neveu

Je vous envoie cette carte vous souhait

et bonne et heureuse année et amiti cor

mes meilleur voeux frère du

vous embrasse neveu

Cher Jean et Be

corte vous souhait

Cher Jean et Béatrice et a

Je vous envoie co

et bonne et heure année et

nos meilleurs voeux

basse

毎日の趣味

剪開信封
輕鬆作紙雜貨

宇田川一美◎著

信封的紙張具有強度且整體呈袋狀，
是相當方便的手作素材！
只要再花點工夫，就能變身為常用的生活雜貨。

大象留言夾
→P.40

使用長形3號信封作成
大象留言夾。由於尺寸
較大，充滿存在感。

小鳥留言夾
→P.38

翻出信封內側的花樣摺成翅膀，
變身可愛の小鳥留言夾。

小貓留言夾
→P.39

使用小信封試著作成小貓咪，
再以信封內側的花樣作成項圈，就更時髦了！

袋鼠母子留言夾
→P.41

將留言放在袋鼠肚子的口袋中吧！使用長形
3號＆4號信封就能作出袋鼠母子。

小狗留言夾
→P.42

送禮給喜歡狗狗的朋友時，一併附
上想說的話語吧！只要將信封剪開
摺疊，就能簡單完成！

example

附上生日祝福＆贈
禮，收到的人應該
會高興吧！

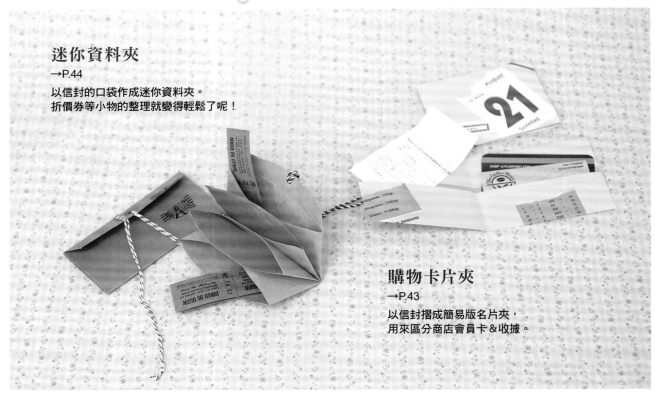

迷你資料夾
→P.44

以信封的口袋作成迷你資料夾。
折價券等小物的整理就變得輕鬆了呢!

購物卡片夾
→P.43

以信封摺成簡易版名片夾,
用來區分商店會員卡&收據。

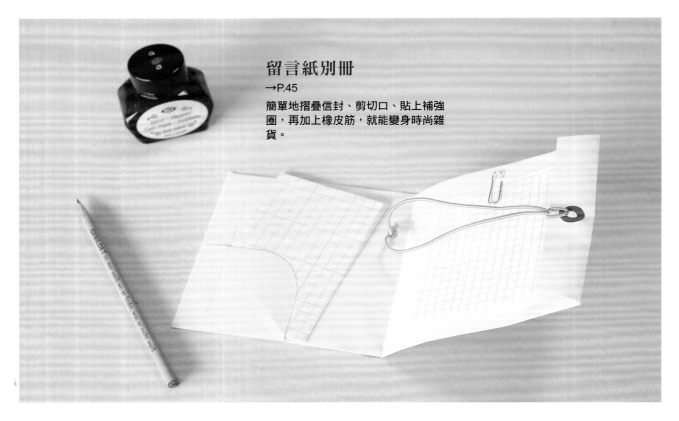

留言紙別冊
→P.45

簡單地摺疊信封、剪切口、貼上補強
圈,再加上橡皮筋,就能變身時尚雜
貨。

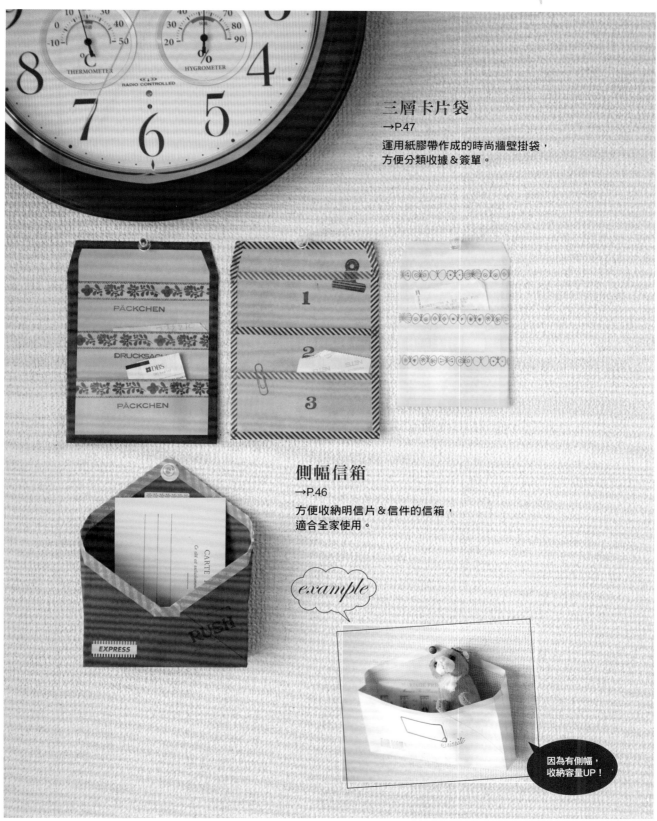

三層卡片袋
→P.47
運用紙膠帶作成的時尚牆壁掛袋，
方便分類收據＆簽單。

側幅信箱
→P.46
方便收納明信片＆信件的信箱，
適合全家使用。

example

因為有側幅，
收納容量UP！

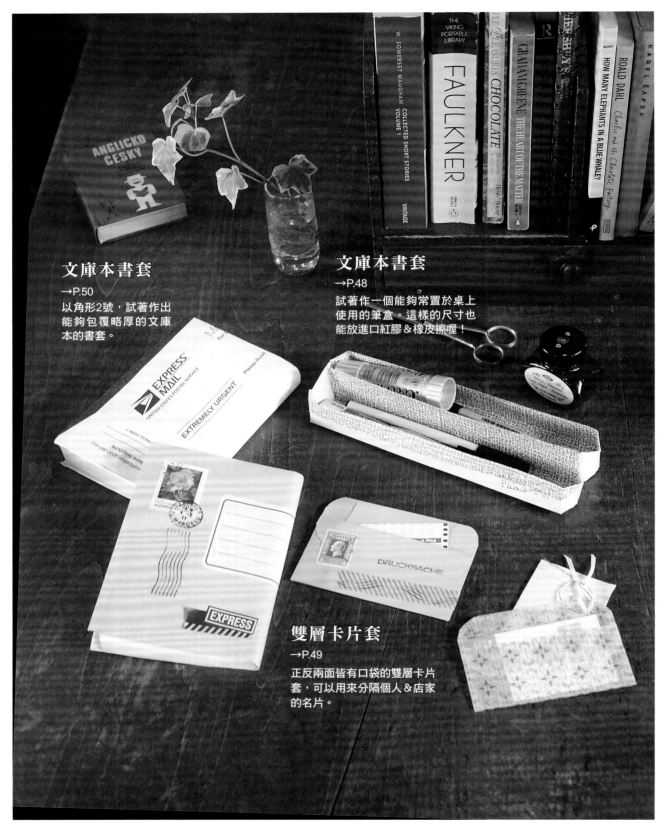

文庫本書套
→P.50
以角形2號，試著作出能夠包覆略厚的文庫本的書套。

文庫本書套
→P.48
試著作一個能夠常置於桌上使用的筆盒。這樣的尺寸也能放進口紅膠＆橡皮擦喔！

雙層卡片套
→P.49
正反兩面皆有口袋的雙層卡片套，可以用來分隔個人＆店家的名片。

example

活用開窗信封吧！
Good！可以看到
押花＆＆喜歡的照
片！

旗子書籤
→P.52

利用信封邊角作成簡單的
書籤，就好像從書頁中蹦
蹦地跑出可愛的旗子。

附窗標籤卡
→P.51

從信封的窗口可以稍微看到
押花＆照片，也可以當作留
言卡。

Tag & Bookmark

Small box & Case

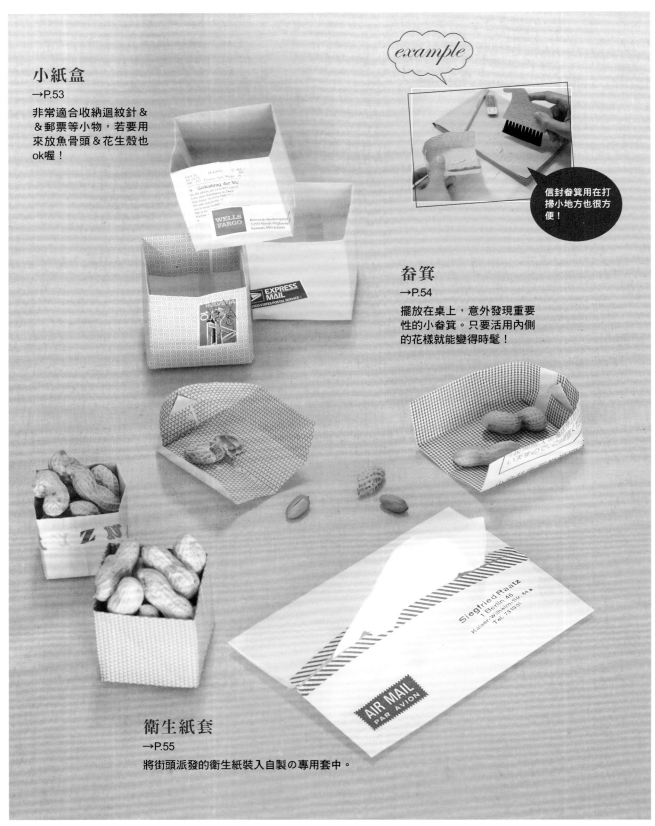

小紙盒
→P.53

非常適合收納迴紋針＆
＆郵票等小物，若要用
來放魚骨頭＆花生殼也
ok喔！

example

信封畚箕用在打
掃小地方也很方
便！

畚箕
→P.54

擺放在桌上，意外發現重要
性的小畚箕。只要活用內側
的花樣就能變得時髦！

衛生紙套
→P.55

將街頭派發的衛生紙裝入自製の專用套中。

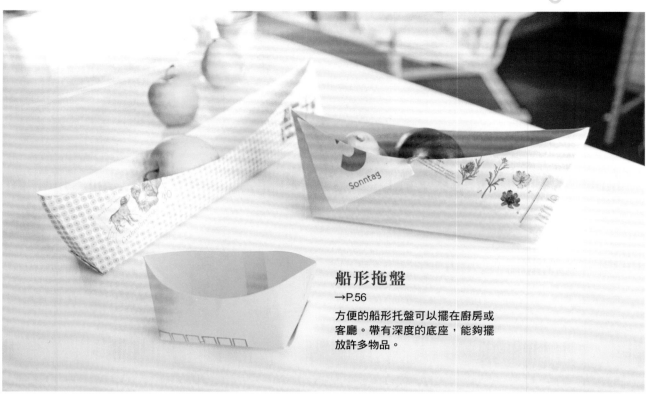

船形拖盤
→P.56

方便的船形托盤可以擺在廚房或
客廳。帶有深度的底座,能夠擺
放許多物品。

相框
→P.58

活用開窗信封作成簡易相框。
利用印章＆紙膠帶自由創作吧!

花朵
→P.57

以信封＆毛根作出
手作花朵。將信封
裁成環狀條帶＆花
樣邊角來製作成各
式花瓣吧!

Various files

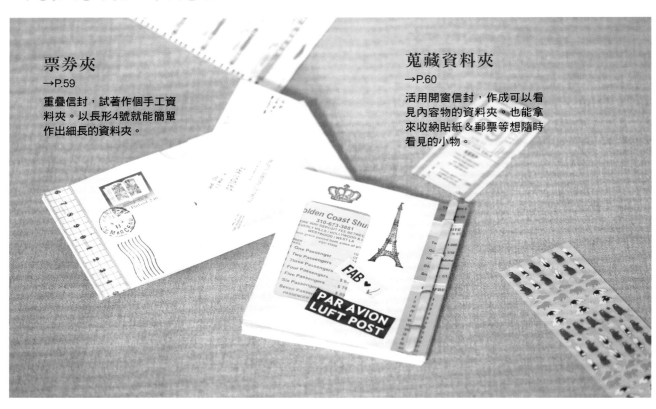

票券夾
→P.59

重疊信封，試著作個手工資料夾。以長形4號就能簡單作出細長的資料夾。

蒐藏資料夾
→P.60

活用開窗信封，作成可以看見內容物的資料夾。也能拿來收納貼紙＆郵票等想隨時看見的小物。

信件資料夾
→P.61

將信封貼在厚紙板上，作成信件專用資料夾。集中收藏郵票、留言條、信封吧！

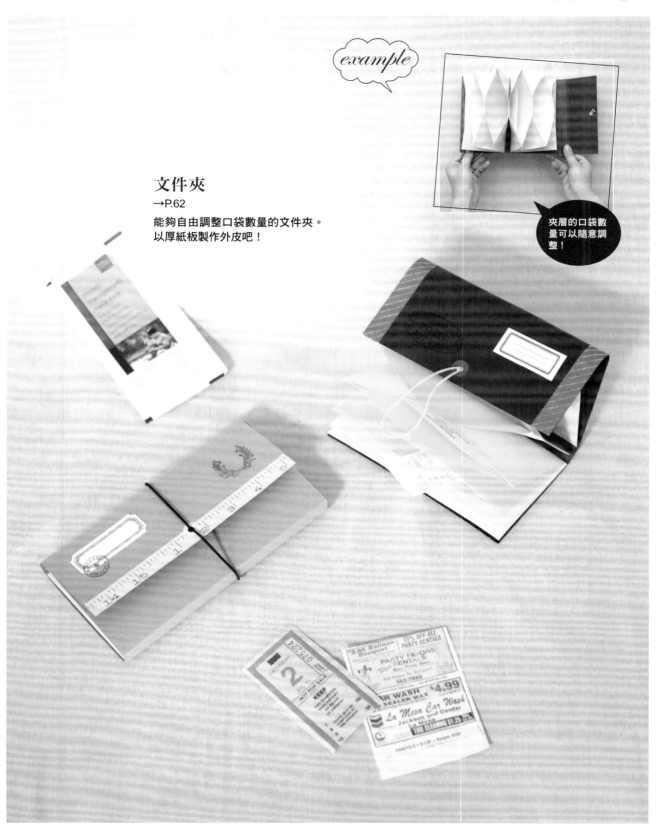

example

夾層的口袋數量可以隨意調整！

文件夾

→P.62

能夠自由調整口袋數量的文件夾。
以厚紙板製作外皮吧！

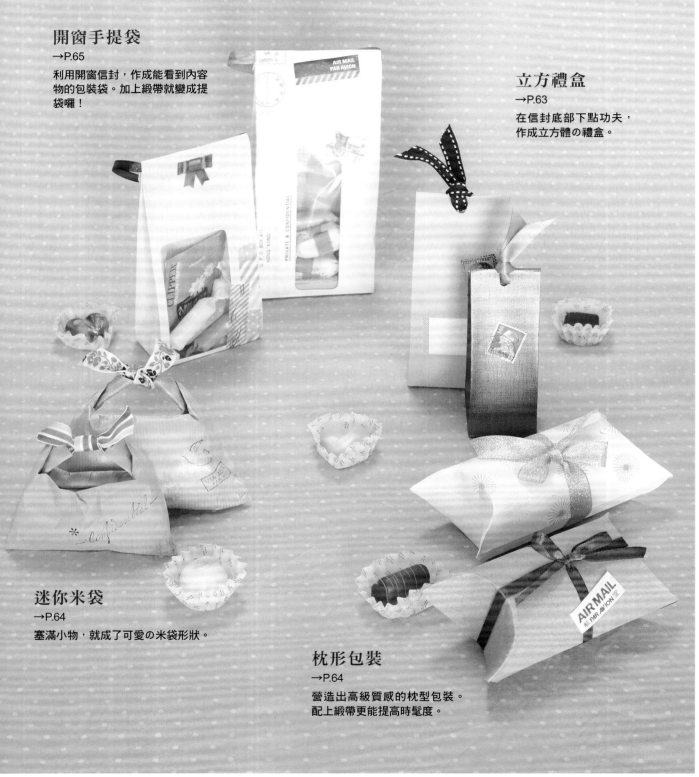

開窗手提袋
→P.65

利用開窗信封，作成能看到內容物的包裝袋。加上緞帶就變成提袋囉！

立方禮盒
→P.63

在信封底部下點功夫，作成立方體の禮盒。

迷你米袋
→P.64

塞滿小物，就成了可愛の米袋形狀。

枕形包裝
→P.64

營造出高級質感的枕型包裝。配上緞帶更能提高時髦度。

Gift package

example

放進餅乾＆糖果，作成小
巧的點心禮物。裡面放了
什麼呢？真令人期待！

三角錐包裝
→P.65
三角錐形的包裝。也能當作家庭
派對的伴手禮唷！

Part.2
快樂地裝飾玄關&房間*
信封擺飾

活用開窗信封的內側花樣&袋身形狀。本單元將介紹生活中の迷你藝術裝飾。可能會被朋友問：「這個是怎麼作的？」喔！

迷你 T-shirt
→P.69

利用信封花樣的區塊作成T-shirt。從平常就開始蒐集有趣花樣的信封吧！

迷你洋裝
→P.68

以信封內側花樣作成的可愛洋裝。以自己想穿的洋裝當作參考，製作起來也會變得愉快。

迷你襯衫
→P.70
以內側帶有花樣的白色信封作成襯衫。白色的衣領圍是視覺重點喔！

迷你帽子
→P.71
利用小信封＆信封作成迷你帽子。搭配洋裝來挑選色彩＆花樣吧！

迷你低跟鞋＆樂福鞋
→P.69
活用信封內側的花樣製作低跟鞋＆樂福鞋，配合洋裝來作整體搭配吧！

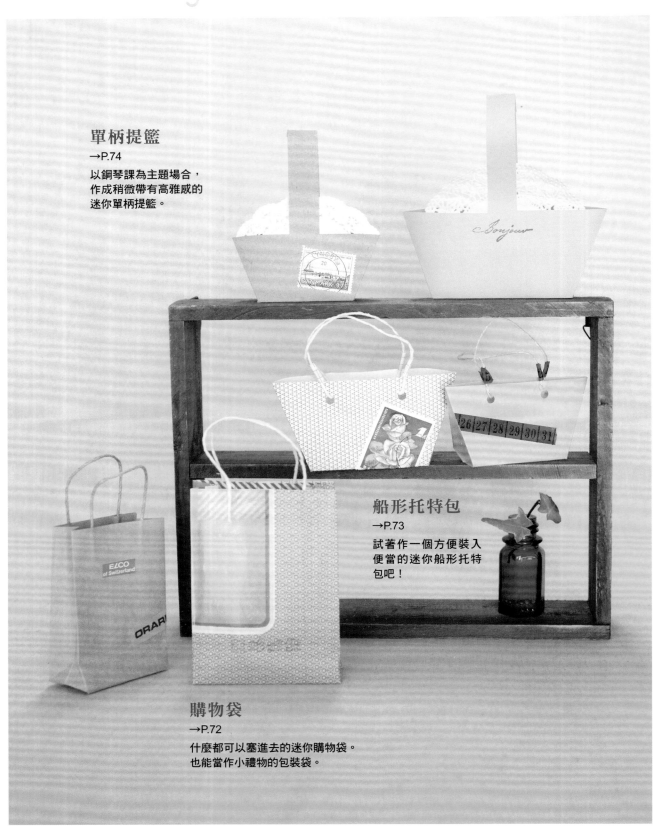

單柄提籃
→P.74
以鋼琴課為主題場合，
作成稍微帶有高雅感的
迷你單柄提籃。

船形托特包
→P.73
試著作一個方便裝入
便當的迷你船形托特
包吧！

購物袋
→P.72
什麼都可以塞進去的迷你購物袋。
也能當作小禮物的包裝袋。

迷你梯形包
→P.75

名牌包的迷你版。試著
以手工藝表現出令人憧
憬的心情吧！

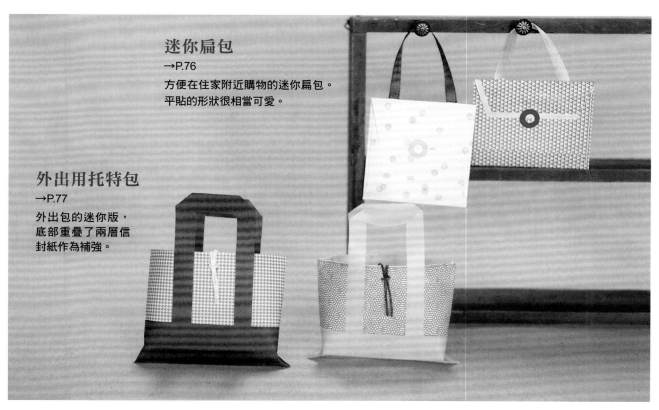

迷你扁包
→P.76

方便在住家附近購物的迷你扁包。
平貼的形狀很相當可愛。

外出用托特包
→P.77

外出包的迷你版，
底部重疊了兩層信
封紙作為補強。

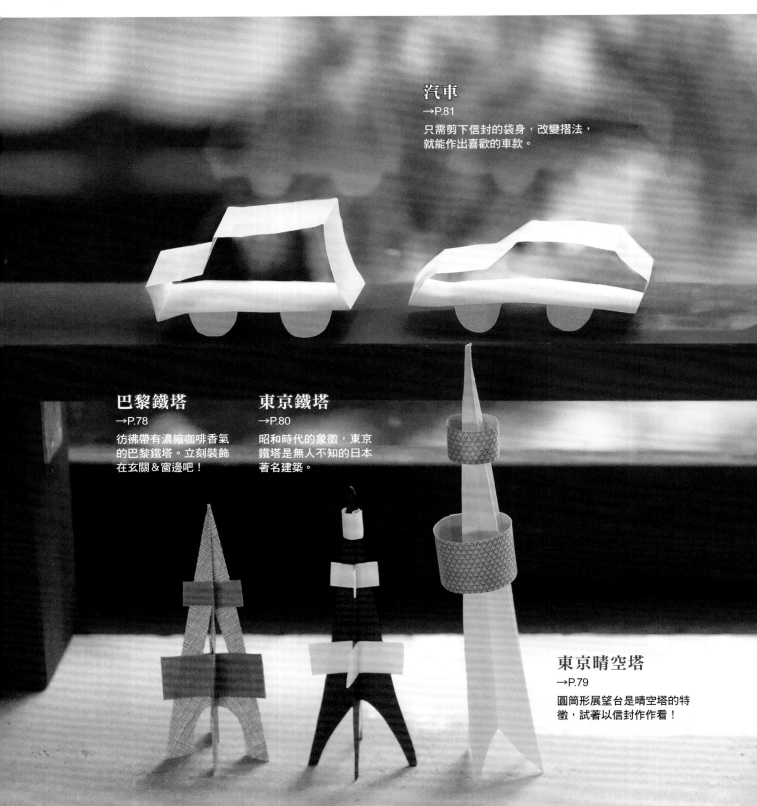

汽車
→P.81
只需剪下信封的袋身，改變摺法，
就能作出喜歡的車款。

巴黎鐵塔
→P.78
彷彿帶有濃縮咖啡香氣
的巴黎鐵塔。立刻裝飾
在玄關＆窗邊吧！

東京鐵塔
→P.80
昭和時代的象徵，東京
鐵塔是無人不知的日本
著名建築。

東京晴空塔
→P.79
圓筒形展望台是晴空塔的特
徵，試著以信封作作看！

電車
→P.82
以開窗信封製作的電車。加上導電架,
看來就更像真的電車了!

大樓
→P.83
以整個信封筒作成大樓。搭配
電車&汽車,就能完成具有真
實場感の街景。

花瓶裝飾
→P.83
以信封裝飾花瓶，將花朵
襯托得更加美麗。

北歐風彩燈
→P.84
剪出鏤空雪人＆鑽石花樣的彩
燈。拿來當作房間＆玄關的擺
飾吧！

example

※使用不容易變熱的LED燈＆不要讓紙張碰觸到燈泡喔！請特別注意照明器具的熱度。

將花環捲在燈具周圍，就完成了時尚的燈飾！

圓圈花環

→P.85

在信封的剪法上多下點功夫，就能作出不需接著劑的圓圈花環。

愛心花環

→P.85

將許多愛心排列在一起的可愛花環。用來點綴生日派對或家庭聚會吧！

Part.3
親子同樂 ☆
信封玩具

本單元將介紹能和孩子一起製作＆玩耍的信封玩具。使用隨手可得的信封，就算稍微變形也可以立刻重新製作正是它的魅力。總而言之，製作時可是相當愉快喔！

國王の皇冠
→P.88
能夠展現偉大人物感覺的皇冠。可以用在男孩的宴會＆扮家家酒遊戲中。

Crown

Tiara

公主の后冠
→P.88
大受女孩喜愛的可愛后冠。
充分詮釋出公主殿下的感覺。

項鍊
→P.89
將信封袋身剪下環狀
長條後摺疊＆裁剪，
完成簡單的項鍊。再
在後面接上緞帶，即
可調整長度。

時髦手環
→P.89
活用信封內側花樣的
手環。作成不論大人
或小孩都能享受樂趣
的摩登飾品。

Hair pin & Brooch

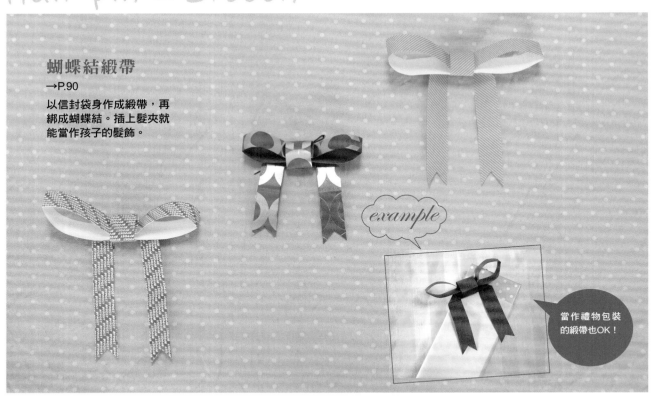

蝴蝶結緞帶
→P.90

以信封袋身作成緞帶,再綁成蝴蝶結。插上髮夾就能當作孩子的髮飾。

example

當作禮物包裝的緞帶也OK!

矢車菊胸針
→P.91

剪下&捲起信封,就能完成一朵矢車菊。步驟簡單而成品華麗,這點最讓人高興了!

example

捲在原子筆&鉛筆上也很可愛!

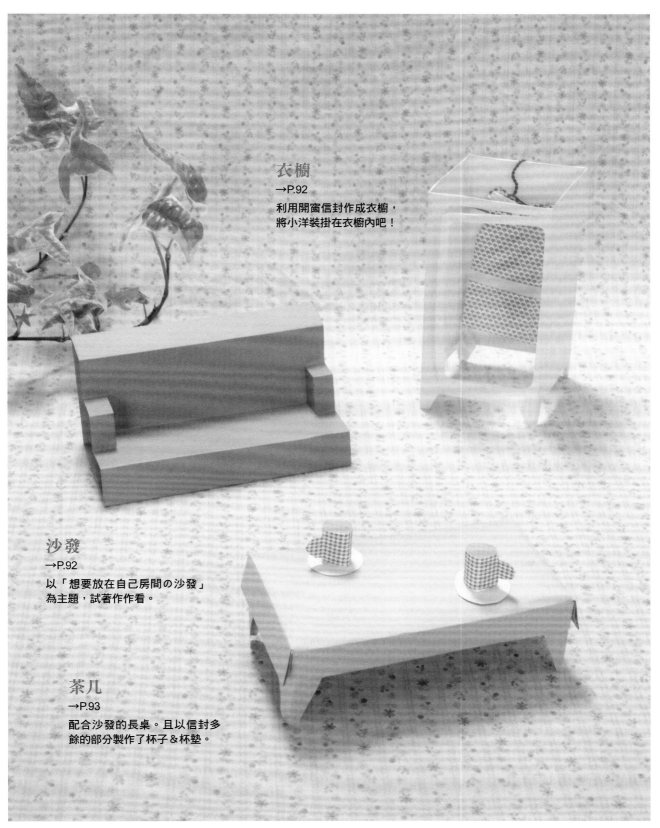

衣櫥
→P.92
利用開窗信封作成衣櫥，
將小洋裝掛在衣櫥內吧！

沙發
→P.92
以「想要放在自己房間の沙發」
為主題，試著作作看。

茶几
→P.93
配合沙發的長桌。且以信封多
餘的部分製作了杯子＆杯墊。

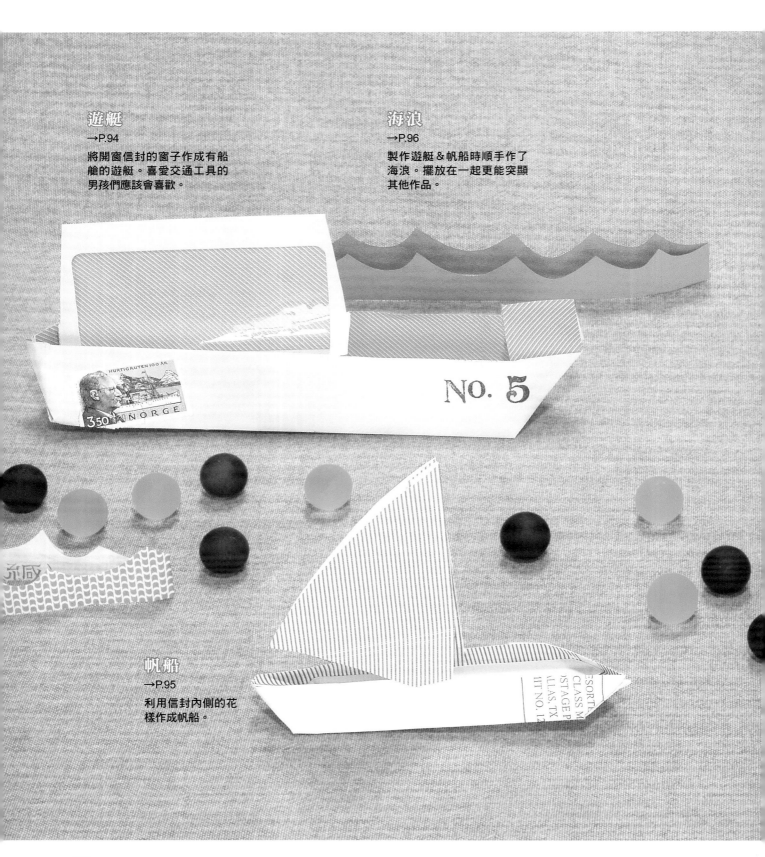

遊艇
→P.94
將開窗信封的窗子作成有船艙的遊艇。喜愛交通工具的男孩們應該會喜歡。

海浪
→P.96
製作遊艇＆帆船時順手作了海浪。擺放在一起更能突顯其他作品。

帆船
→P.95
利用信封內側的花樣作成帆船。

鯨魚
→P.97
試著以信封作一隻大人 & 小孩
都喜歡的噴水鯨魚吧！

魚兒
→P.96
製作許多在海中悠游的魚兒。

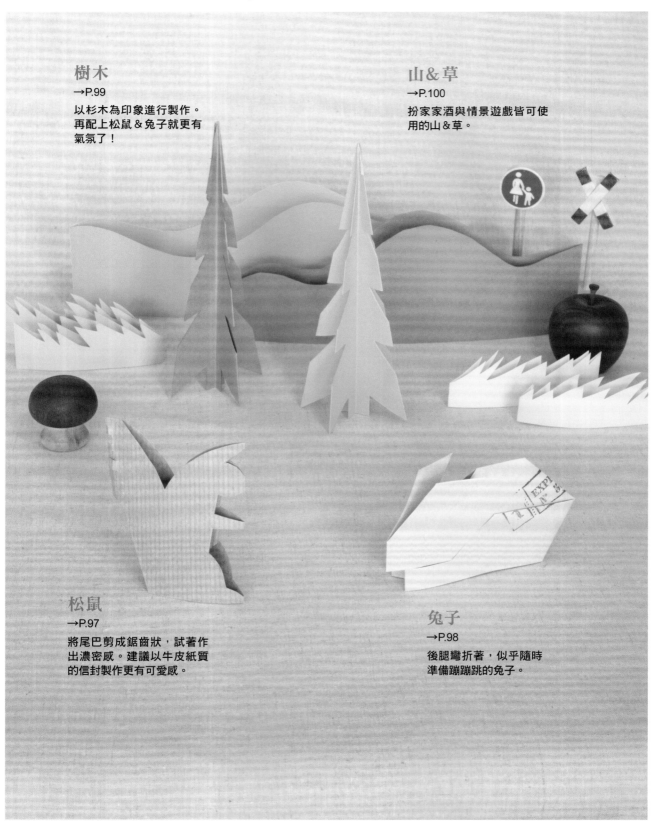

樹木
→P.99
以杉木為印象進行製作。
再配上松鼠＆兔子就更有
氣氛了！

山＆草
→P.100
扮家家酒與情景遊戲皆可使
用的山＆草。

松鼠
→P.97
將尾巴剪成鋸齒狀，試著作
出濃密感。建議以牛皮紙質
的信封製作更有可愛感。

兔子
→P.98
後腿彎折著，似乎隨時
準備蹦蹦跳的兔子。

火山
→P.103

試著以緞帶表現火山噴發的情景。也可以搭配恐龍一起製作。

暴龍
→P.101

動手製作肉食性恐龍的代表——暴龍吧！模擬角色扮演時或許可以客串壞人喔！

行道樹
→P.100

一轉眼就立起了四棵行道樹。將裁成片狀的信封重複摺疊剪出花樣即可完成。

雷龍
→P.102

草食性的雷龍完成！與暴龍擺在一起，會發展出什麼故事呢？

The diorama of a dinosaur

小碎步手指偶
→P.104
將手指穿入裙子中，變成踮著腳尖的手指偶。
畫上表情&對話，開始玩耍吧！

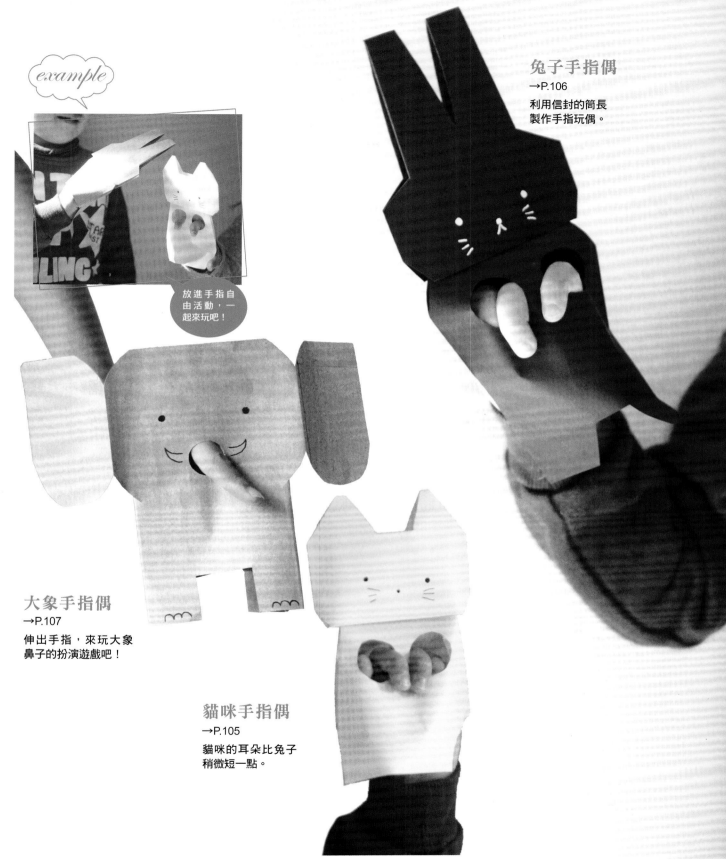

example

放進手指自
由活動，一
起來玩吧！

兔子手指偶
→P.106
利用信封的筒長
製作手指玩偶。

大象手指偶
→P.107
伸出手指，來玩大象
鼻子的扮演遊戲吧！

貓咪手指偶
→P.105
貓咪的耳朵比兔子
稍微短一點。

The hand puppet of an animal

信封翻面技巧

公共費用繳費單的信封內側大多有細緻排列的花樣，仔細一看，有千鳥格和logo標記等各式各樣花樣，非常有趣呢！

只要以刀片將塗膠部分的紙橫切割開，攤開信封翻至正面後再重新塗上膠，就能體會再生利用的樂趣。作為信封手作的素材，翻面信封大活躍！

✂ How to Craft ✂

1

割開塗膠部分，將刀片橫著使用，小心不要割破了喔！

2

全部拆開後攤平。

3

將有花樣的內側翻到正面，重新摺疊＆在塗膠處上膠貼合。

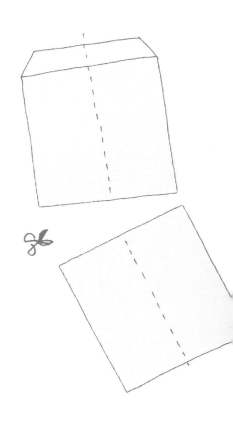

努力盡責的信封
相當適合作為手作材料

　　運送重要的信件＆文件，偶爾還負起保護金錢的責任，甚至需要到國外出差，我最喜歡這樣努力盡責的「信封」了！

　　特別引人之處在於不需削去多餘設計的單純造型，若仔細觀察開窗信封的內側還會發現各式各樣的花樣，光看就覺得很愉快呢！「使用一次就丟，太可惜了！」我因此開始保留信封。

　　使用收藏信封製作的「信封手作」也就此誕生！因為信封本身為袋狀，且具有強度，很適合當作手作的材料；也因為是取自再利用的素材，就請大膽地盡情使用吧！

　　本書收錄的各式作品，都是以信封製作而成。你也試著從簡單的小物開始製作吧！將結束長途旅行寄達信箱的信封，重生再製成可愛的雜貨小物，真的最棒了！

宇田川 一美

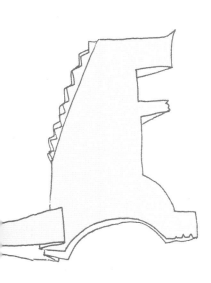

目錄
Contents

剪開信封輕鬆作紙雜貨

前言

Part. 1
回收前再花點工夫！　簡單信封小物

Part.2

快樂地裝飾玄關＆房間＊　信封擺飾

Part.3

親子同樂 ☆　信封玩具

開始製作前
Preparation

以下將介紹本書使用信封的種類＆尺寸、摺法記號＆作法重點等。
※本書使用的信封為日本尺寸，與台灣的信封尺寸略有不同。長形3號可使用中式
12K替代，其他規格信封可挑選相近尺寸進行製作，但完成作品可能略有差異。

● 本書使用の信封種類

長形

開窗

角形

洋形
（鑽石型）

洋形
（平口型）

小信封

● 信封尺寸表（mm）

長形3號	120×235	A4紙橫摺三摺
長形4號	90×205	B5紙橫摺四摺
角形2號	240×332	A4紙大小
角形5號	190×240	A5紙大小
洋形2號	114×162	A4紙橫・直摺四摺
洋形3號	98×148	B5紙橫・直摺四摺
洋形4號	105×235	A4紙橫摺三摺
洋形6號	98×190	B5紙橫摺三摺
洋形7號	92×165	A5紙橫摺三摺

● 信封的部位、正面＆反面

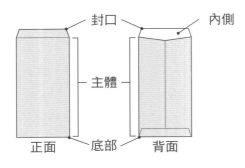

封口　內側　主體　底部　正面　背面

● 摺法の記號

山摺
― ― ― ― ―

谷摺
- - - - - -

切割線
――――――

加上褶痕

蛇腹摺

（例）

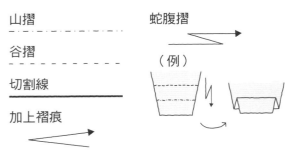

● 信封再利用

確認「使用の部分」。開封過的信封最適合使
用，以紙膠帶＆接著劑黏合後就能重新製作。
※西式的開窗信封也可以黏合再利用。

◆使用の
部分
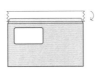

● 紙型の使用方法

① 影印本書提供的紙型後裁
　剪使用。

② 重疊在信封素材上。（以
　紙膠帶固定也OK）

③ 將信封對準紙型的切割線
　後裁剪。

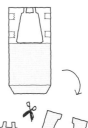
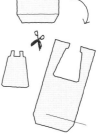

Part.1

回收前再花點工夫！

簡單信封小物

小鳥留言夾

推薦使用開窗信封，翅膀顏色的變化能給人清爽的印象。

→ P.2

材料

長形3號

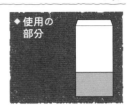

◆ 使用の部分

✂ *How to Craft* ✂

紙型 P.108

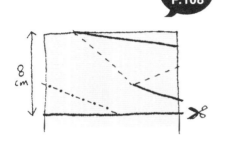

1

底部朝上放置，從距離底部8cm處裁剪，沿著粗線剪出切口。

2

依照虛線把左角往內摺入。

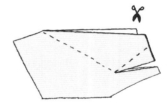

3

將圖示粗線的部分剪開。

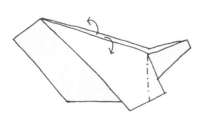

4

將剪開的部分往外下摺，作出翅膀。在虛線處作出山摺，整理翅膀的形狀。

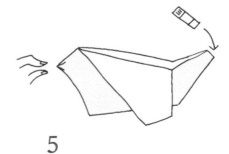

5

如圖所示將左上角以手指捏出鳥喙，以接著劑貼合尾巴。

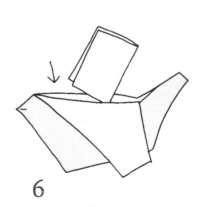

6

撐開身體背部的口袋，放進留言紙就完成了！

小貓留言夾

→ P.2

有點時髦的小貓留言夾。項圈用開窗信封來作，
就能變得時尚。

材料

小信封、項圈用紙

◆ 使用の
部分

✂ *How to Craft* ✂

紙型
P.111

約7cm

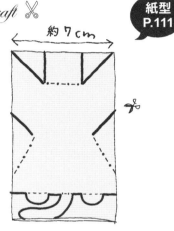

1

底部朝上放置，沿粗線剪開切口。

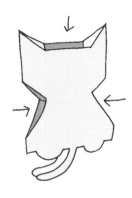

2

如圖所示將虛線處往內摺入。

12cm

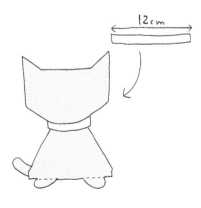

3

剪掉前面的尾巴，將腳＆後面的
尾巴作出谷摺。

[後面]

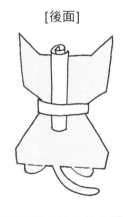

4

將項圈用紙的尾端塗上接著
劑貼捲繞於貓咪頸部，再將
捲成棒狀的留言紙插在後方
項圈間，完成！

大象留言夾

→ P.2

動物園的人氣明星——大象，以特色長鼻子舉起
留言囉！

材料

長形3號

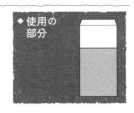

◆ 使用の
部分

✂ *How to Craft* ✂

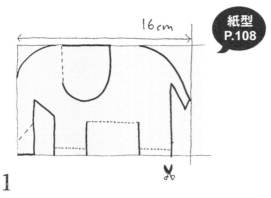

16cm

紙型
P.108

1

底部朝左放置，在寬16cm處沿著
粗線剪開切口。

2

將腳＆肚子的虛線部分往內摺
入，耳朵兩側谷摺後打開。

3

在鼻子前端如圖所示
示作出褶痕。

4

將鼻子往上摺＆貼合尾巴前端。

5

留言紙對摺後插入大象鼻子的
前端，完成！

※建議以接著劑黏合鼻子前端，比
　較容易放入留言紙。

袋鼠母子留言夾

→ P.3

袋鼠口袋變身獨特的留言夾。作成袋鼠母子，
可愛度更加倍！

材 料

母：長形3號・子：長形4號

◆ 使用の部分

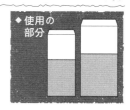

✂ *How to Craft* ✂

**紙型
P.109
P.110**

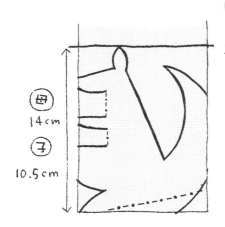

母 14cm

子 10.5cm

1

底部朝下放置，
袋鼠媽媽從距離
底部14cm處，袋
鼠寶寶從距離底
部10.5cm處，分
別沿著粗線剪開
切口。

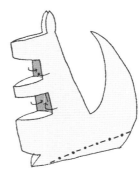

2

除了手＆口袋之外，將前
側的身體向內摺入。

3

底部也往內摺入。

4

在耳朵＆尾巴的前端內側
塗上接著劑後貼合。

5

將捲成棒狀的留言紙插進手
＆肚子形成的口袋，完成！
※步驟3內摺的部分越平坦，就
越容易站立。

小狗留言夾

→ P.3

垂耳的可愛小狗留言夾，為你送來情人的訊息。
以開窗信封製作，耳朵的花樣就會不一樣喔！

材料

長形3號

◆ 使用の
部分

✂ *How to Craft* ✂

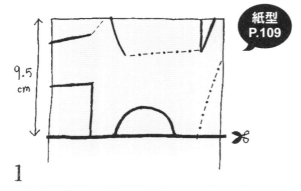

紙型
P.109

9.5
cm

1

底部朝上放置，從距離底部9.5cm處沿著
粗線剪開切口。

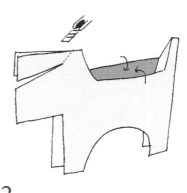

2

將耳朵剪開後攤開，再沿著背上
的虛線往內摺入。

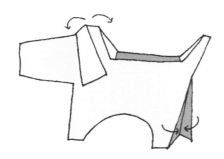

3

耳朵往外摺，後腳則往內摺入。

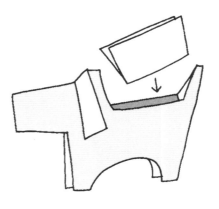

4

背部口袋插入寫好的留言條，完成！

購物卡片夾

→ P.4

輕鬆整理收據＆店家集點卡。以紙膠帶裝飾
（P.66）得更可愛吧！

材料
長形4號、橡皮筋

◆使用の
部分

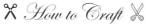

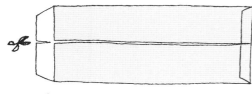

1

將信封橫擺，先在信封口剪出切
口，再將上片沿著中線如圖示般
剪開。

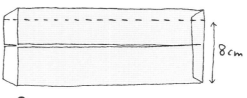

8cm

2

在高度8cm處作出谷摺。

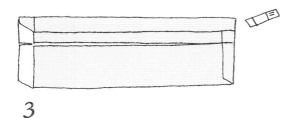

3

在步驟2的摺疊處塗上接著劑後貼合。

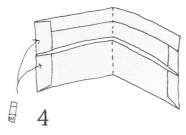

4

將信封口往內摺＆塗上
接著劑黏合，在正中間
作出谷摺。

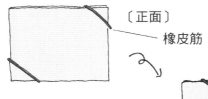

〔正面〕

橡皮筋

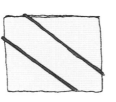

〔背面〕

5

左右邊角以橡皮筋固定，完
成！
※ 放進硬紙卡，就能以橡皮筋固
　 定，形狀也不會垮掉。

迷你資料夾

方便分類整理折價券＆回數券等小物。
加上加強圈就能完成時髦的作品。

→ P.4

材料

長形3號或4號、繩子、加強圈

◆使用の部分
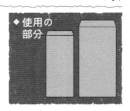

 How to Craft

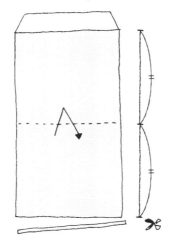

1

底部朝下放置，剪掉底部
後對半摺出褶痕。

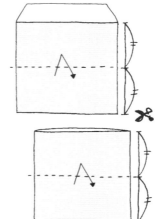

2

將步驟1的褶痕剪開，變成
兩個部件後再各自對半摺
出褶痕。

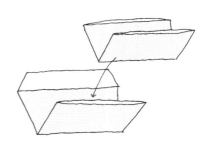

3

將兩個部件如圖所示
重疊。

雙面膠

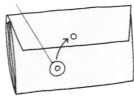

4

如圖所示將每個開口邊緣
以雙面膠貼合。

加強圈

5

在信封口打洞，貼上加強圈。

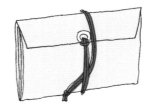

6

穿過繩子綁住資料夾，
完成！

留言紙別冊

購物清單也好，待辦事項也好，
都能利用信封清爽整理！

→ P.4

◆ 使用の
部分

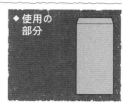

材料

長形3號、橡皮筋、加強圈

✂ *How to Craft* ✂

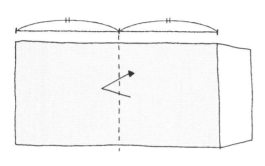

1

將信封橫擺，在正中間摺出褶痕。

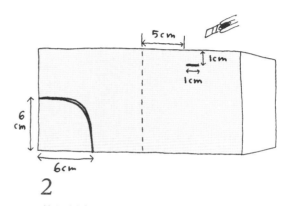

5cm
1cm
1cm
6cm
6cm

2

將信封上片右側圖示的粗線＆左下角的弧
線剪開。

※建議在信封內放入厚紙板會比較容易裁切。

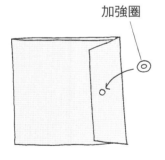

加強圈

3

於封口處打洞，貼上
加強圈。將信封對半
摺入封口處。

4

如圖所示將固定用的橡
皮圈穿過孔洞。

5

左邊存放備用紙，右邊的切口
則夾上迴紋針固定書寫用的留
言紙，完成！

側幅信箱

→ P.5

以稍微有厚度的信封作成形狀立體的信箱，
將散落的信件＆明信片妥善收納。

◆ 使用の
部分

材料

洋形2號（鑽石型）

✂ *How to Craft* ✂

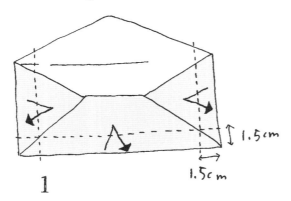

1

如圖所示，沿著信封底部＆
兩側虛線部分摺疊，作出側
幅的褶痕。

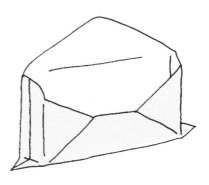

2

按圖示作出側幅。

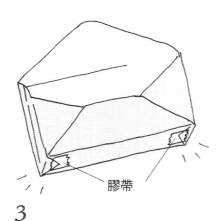

膠帶

3

將突出的三角形摺往底部，
以膠帶黏貼固定。

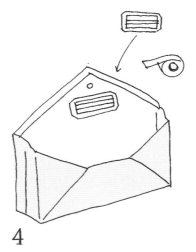

4

在信封口打洞，完成！
再貼上標籤＆紙膠帶作為裝飾。

三層卡片袋

→P.5

只需變換紙膠帶，就能呈現不一樣的氣氛。
如壁掛袋般，以大頭針固定在牆上即可使用。

◆使用の部分

材料

長形3號或4號、紙膠帶

✂ *How to Craft* ✂

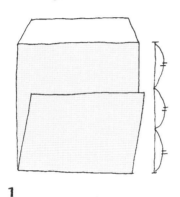

1

底部朝下放置，如圖所示摺疊。

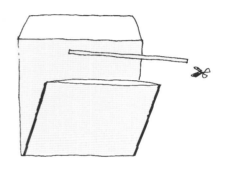

2

剪開底部＆兩側的粗線部分。

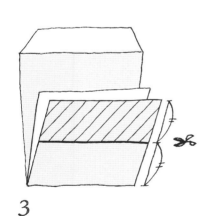

3

將前側片對摺後，剪下
斜線標示的上半部。

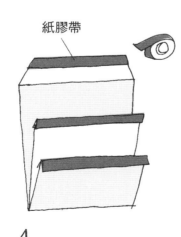

紙膠帶

4

以紙膠帶補強切口。

5

以紙膠帶貼合周邊，完成！

桌上型筆盒

→ P.6

放在桌上備用，用途多樣且方便的筆盒。
以略有厚度的信封來作吧！。

材料

長形4號

◆ 使用の
部分

✂ *How to Craft* ✂

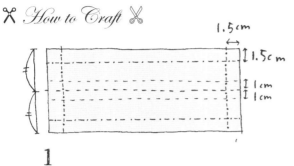

1.5cm

1.5cm

1cm
1cm

1

將信封口塗膠封住袋身。如圖所示
在虛線處作出褶痕。

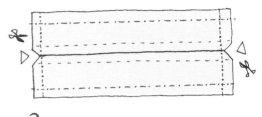

2

將正中間褶痕的兩端剪成三角形，再
剪開上片正中間的褶痕。

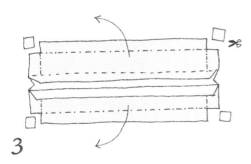

3

剪掉四個邊角，將整體從正中間的褶痕
向外翻開對摺。

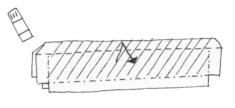

4

將對摺重疊處（斜線的內側部分）塗
膠貼合。

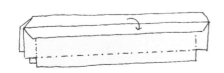

5

將步驟4上端外側片1cm處摺出谷摺。

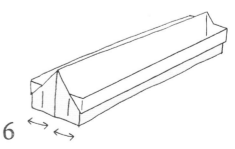

6

將步驟1的側幅褶痕攤開，整理出收納
盒的形狀，完成！

雙層卡片套

以正面&反面兩個口袋來分類卡片。信封高度需比卡片略大一些。

→ P.6

材料

洋形3號（平口型）

◆ 使用の部分

✂ *How to Craft* ✂

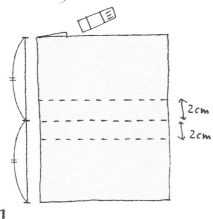

1

在信封口塗膠，封住袋身。如圖所示直立擺放後，在虛線處摺出褶痕。

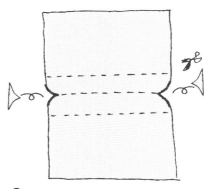

2

將正中間褶痕的兩端剪出弧形，再剪開上片紙張的中間褶痕。

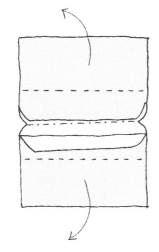

3

將整體從正中間的褶痕往外翻開對摺。

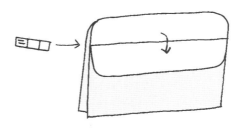

4

在對摺的上端外側片2cm處作出谷摺，將對摺重疊面塗膠貼合，完成！

文庫本書套

將書封插入即可固定的書套。書套尺寸以略高於
書本高度0.5cm為準，新書＆B6尺寸的單行本亦
可套用此作法。

→ P.6

◆ 使用の部分

材料

角形2號

✂ *How to Craft* ✂

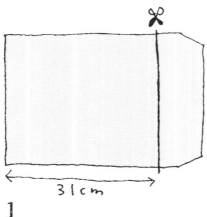

31cm

1

將信封橫擺，在距離左側31cm處剪下。

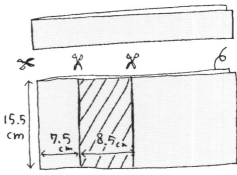

15.5cm

7.5cm 8.5cm

2

剪成15.5cm的高度，並將圖
示的斜線部分上片剪開。

※新書的高度抓18cm，B6大小
　的單行本則請用19cm。

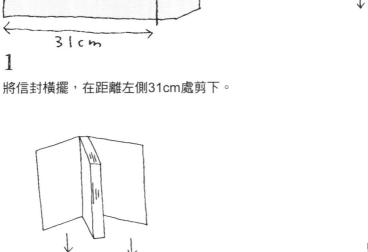

3

將書本如圖所示插入。

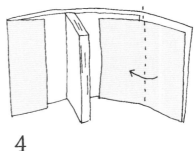

4

將多餘的部分往內摺，完成！

附窗標籤卡

→ P.7

使用開窗信封，就能作成看得到內容物的標籤。
也能當作留言卡＆書籤使用。

材料

開窗長形3號或4號、繩子、加強圈

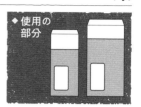

◆ 使用の部分

✂ *How to Craft* ✂

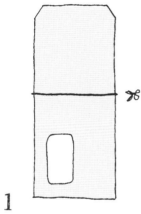

1

底部朝下，剪至自己喜歡的長度。

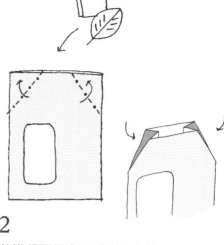

2

放進想要從窗口看到的小物，
將虛線處往內摺入。

加強圈

3

在封口打洞，貼上加強圈。

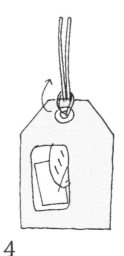

4

穿入綁繩，完成！

旗子書籤

→P.7

在書頁上夾入可愛的旗子。若變換旗子的高度，
就變成索引標籤囉！

材料

所有信封（作品範例為長形3號）

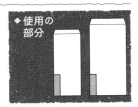

◆ 使用の
部分

✂ *How to Craft* ✂

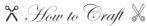

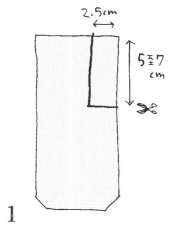

2.5cm

5至7cm

1

底部朝上放置，剪下粗
線部分。

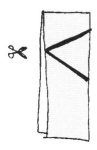

2

如圖所示從上片剪
開三角形。

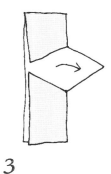

3

打開三角形。

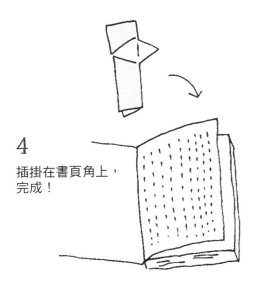

4

插掛在書頁角上，
完成！

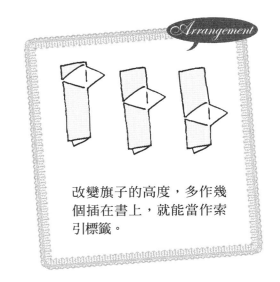

Arrangement

改變旗子的高度，多作幾
個插在書上，就能當作索
引標籤。

小紙盒

將褶法學習起來，就能以信封簡單地作出小盒子。
用於暫時分類小物相當方便喔！

→ P.8

◆ 使用の
　部分

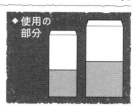

材料

所有信封（作品範例為長形3號＆4號、洋形4號）

✂ *How to Craft* ✂

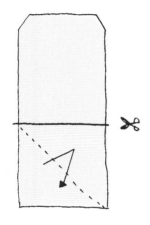

1

將左底角對齊右邊線，作出
褶痕，再將上端平行底部地
剪開。

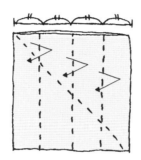

2

縱向分成四等分，作
出褶痕。

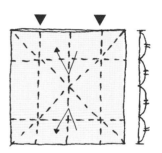

3

再褶出兩條對角線的褶
痕，並於標示▼的褶線
＆對角線交會處，平行
地作出褶痕。

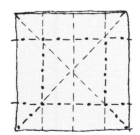

4

如圖所示作出山摺＆谷摺。

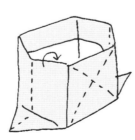

5

沿著上方的褶痕往內側
收摺，兩端的褶痕則作
出側幅。

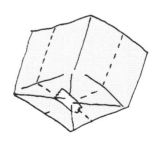

6

將多出的三角形以膠帶固
定在底部，完成！

畚箕

→ P.8

用完即可丟棄的小畚箕。拿來放花生殼＆魚骨頭，
正合適！

材料
所有信封（作品範例為長形3號）

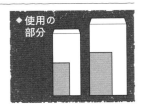

◆ 使用の
部分

✂ *How to Craft* ✂

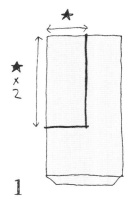

1

如圖所示，以橫向2倍的長度
縱向裁剪。
※作品範例的★記號為6cm。

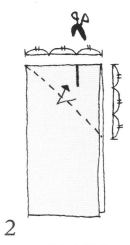

2

於虛線處作出褶痕，
且沿粗線剪開切口。

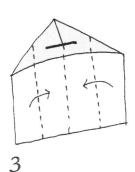

3

像是要將角角變形般，
攤開整體。兩側邊則對
齊中線作出谷摺。

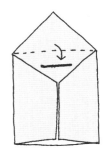

4

上端的三角形往下作出谷摺。

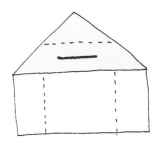

5

如圖所示般展開，且
在虛線處作谷摺。

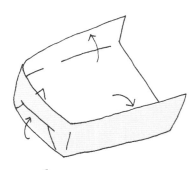

6

將兩端的褶痕立起，整
理形狀，再將三角形頂
端插入切口處，完成！

衛生紙套

若將信封內側貼上補強膠帶，就會變得更加堅固。
放進衛生紙包，擺在客廳等處吧！

→ P.8

材料
洋形2號（平口型）

◆ 使用の
部分

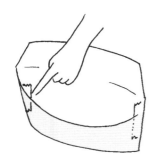

1

信封兩端的內側貼上膠
帶進行補強。

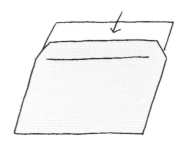

2

將切割用厚紙墊板放入
信封內。

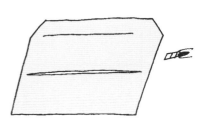

3

以刀片割開上片的
中間線。。

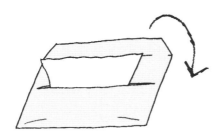

4

放進衛生紙包，將封口往內摺。

Arrangement

周圍貼上紙膠帶作為補強
&裝飾。

船形托盤

→P.9

將信封橫擺裁剪成長形托盤，或直立裁剪成迷你托盤。

所有信封（作品範例為長形3號＆4號）

◆使用の部分

 How to Craft ✂

長形托盤

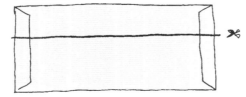

長形托盤

1.5cm

1.5cm

迷你托盤

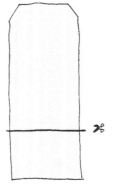

迷你托盤

1.5cm

1.5cm

1

封口處塗膠貼合後，長型托盤如圖所示橫擺，按自己喜歡的高度裁剪；迷你托盤則如圖所示縱向擺放，同樣依喜歡的高度裁剪。

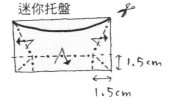

2

分別依照圖示將虛線處作出褶痕，再沿著粗線剪出曲線。

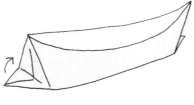

3

利用兩端褶痕作出側幅＆整理形狀。

4

將多出的三角形貼合於側面，完成！

花朵

以信封底角＆袋身作成可愛的手作花朵。只要改變花瓣的形狀＆顏色，就能作出各式各樣的紙花。

→ P.9

材料

所有信封（作品範例為長形4號）、毛根
※TYPE B不建議使用角形信封。

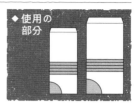

◆ 使用の部分

✂ *How to Craft* ✂

A type

紙型 P.110

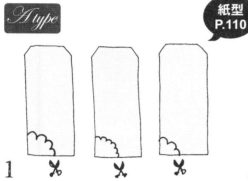

1
將信封底角處依花瓣形狀剪下。

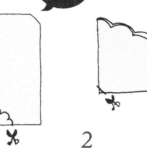

2
斜剪下1mm左右的三角形。

3
以手指按壓兩端攤開花瓣。

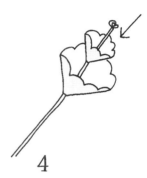

4
將毛根前端稍稍摺成圓形後穿過各配件，完成！

B type

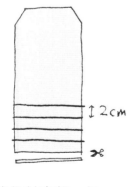

1
剪掉信封底部，如圖所示將袋身剪成寬2cm的長條環。

↕2cm

2
交叉重疊。

3
重疊4條後在中間打洞。

4
毛根前端稍稍摺成圓形，穿過孔洞。

5
使長條環膨起，整理形狀完成！

相框

只需裁剪＆摺疊開窗信封就能完成的簡單相框。
放進一張最喜歡的照片來裝飾吧！

→ P.9

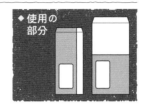

◆ 使用の部分

材料

開窗長形3號或4號

✂ *How to Craft* ✂

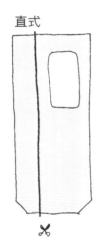

直式

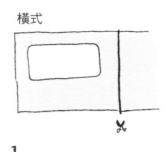

橫式

1

將開窗信封如圖所示裁剪。

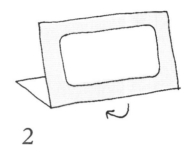

2

橫式相框的下端往後摺疊。

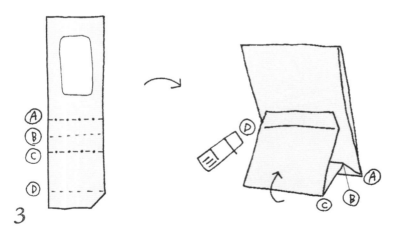

3

直立式則如圖所示將虛線處作出山摺或谷摺，
形成立架且塗膠貼合。

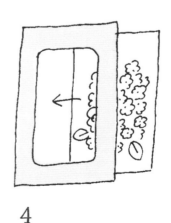

4

放入配合相框大小裁剪的照片，
完成！

票券夾

→ P.10

橫式票券的專用票夾。將充滿感動的回憶＆票券
妥善蒐藏！

材料

開窗長形4號〈3張以上〉、紙膠帶

◆ 使用の
部分

✂ *How to Craft* ✂

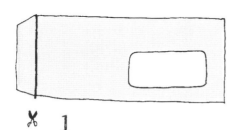

1

將信封橫擺，剪掉封口

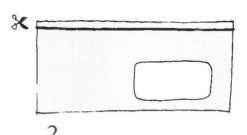

2

如圖所示剪開上端。

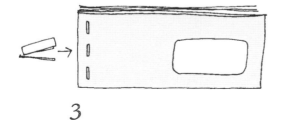

3

其他信封也同樣將封口＆上端剪掉，
再如圖所示般以3針釘書針固定。

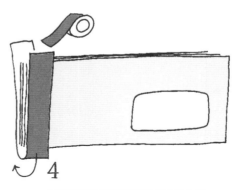

4

以紙膠帶捲覆釘書針封口處。

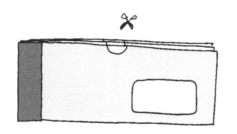

5

在信封上端剪個半圓切口，以便取出票券，完成！

蒐藏資料夾

→ P.10

專門蒐藏郵票＆貼紙等小物的資料夾。試著以隨手可得的冰棒棍＆橡皮筋完成好看的成品吧！

材料

開窗長形3號〈10張以上〉、冰棒棍、橡皮筋、紙膠帶
※請依據冰棒棍的粗細＆橡皮筋的長度調整信封的張數。

◆ 使用の部分

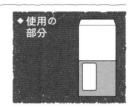

✂ *How to Craft* ✂

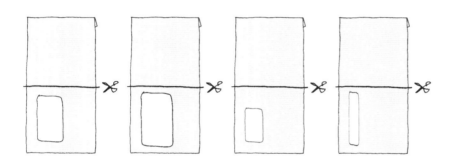

1

將開窗信封全部剪成同樣高度。

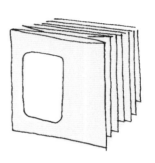

2

切口朝上重疊。

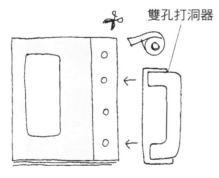

雙孔打洞器

3

將紙膠帶貼在最上層信封的右側邊。以雙孔打洞器在重疊的信封上打出4個洞。

橡皮筋

4

將橡皮筋如圖所示穿過2個洞。

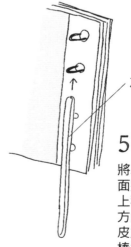

冰棒棍

5

將冰棒棍穿過從正面突出的橡皮筋。上移冰棒棍，待下方的開孔也穿過橡皮筋後，再插入冰棒棍，完成！

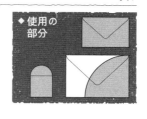

信件資料夾

→ P.10

能夠收納寫信時所需的各種工具的資料夾。

材料

各種尺寸的信封、厚紙板、貼紙、緞帶、書背膠帶（寬2.5cm至5cm）或封箱膠帶

※作品範例左面使用7cm四方形的玻璃紙信封〈小信封也OK〉＆洋形3號，右面則使用138mm×198mm的洋形特1號。

◆ 使用の部分

✂ How to Craft ✂

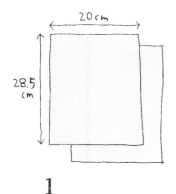

1
如圖所示尺寸將厚紙板剪成2片。

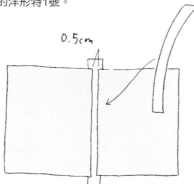

2
在2片厚紙版的正中間以書背膠帶〈或封箱膠帶〉互相貼合。

3
以刀片在厚紙板的兩端割出切口。

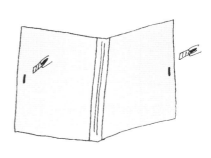

4
將緞帶從厚紙板外側穿進內側，於內側尾端貼上貼紙，並在外側留下15cm。左右側作法皆同。

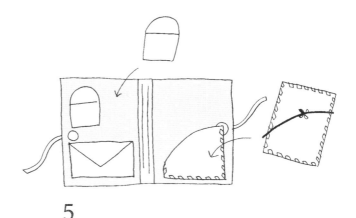

5
將作為口袋的信封塗膠後貼合於厚紙板內側，完成！

文件夾

→ P.11

將卡片＆收據分類收納的迷你資料夾。
可以自行調整信封數量來增減口袋數。

材料

洋形6號／7號〈平口型〉或角形5號・各5至6
張、橡皮筋、厚紙板、加強圈

◆ 使用の
部分

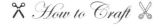

✂ *How to Craft* ✂

＜口袋：信封×5至6張＞

＜外殼：厚紙板×1張＞

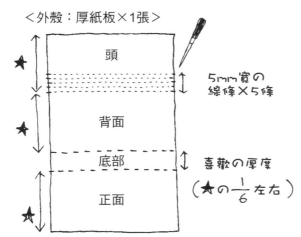

頭

5mm寬の
線條×5條

背面

底部

喜歡の厚度
（★の$\frac{1}{6}$左右）

正面

1

＜口袋＞
將所有信封的封口處剪掉。
角形5號在距離底部10cm左右
的高度（★標記）剪下。

＜外表＞
準備與信封同寬的厚紙板，以
信封高度（★標記）為基準，
如圖所示般在虛線部分以錐子
畫出線條。

雙面膠帶

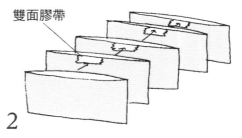

2

在每個信封的切口邊貼上雙面膠互相
貼合，作為資料夾的口袋。

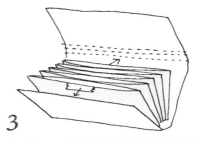

3

將步驟2口袋的前後面各自貼上雙面
膠，再貼合於步驟1的外表內側。

補強圈

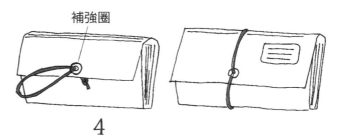

4

如圖所示以打孔機將外表開孔＆貼上補
強圈，再穿過橡皮筋，將尾端打結固
定。拉開橡皮筋圈住文件夾，完成！

立方禮盒

→P.12

以鮮艷色彩的信封製作,將小禮物包裝得可愛又漂亮來送人吧!

材料

長形3號或4號、緞帶

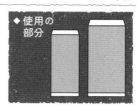

◆ 使用の部分

How to Craft

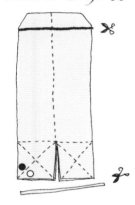

1

將信封直立對摺,剪去封口與底部,再如圖所示作出褶痕&切口。

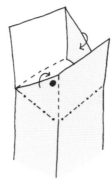

2

倒轉信封摺成直立方體,使標記面位於左側,將○記號面往內摺入。右側面如圖所示進行摺疊。

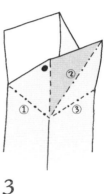

3

依①②③的順序作出谷摺&山摺,將標記●面摺疊於內側。

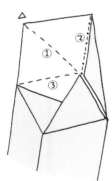

4

前側面摺好後,外側面也以步驟3相同作法依①②③的順序摺疊。

5

將標示△的角角依箭頭方向插入,將底部整平。

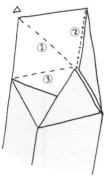

6

放入想包裝的物品後,將袋口下摺,以打洞器開孔&綁上緞帶打結,完成!

迷你米袋

→ P.12

在超薄的信封袋中放進稍微膨起的物品，
形狀效果更好喔！

材料

長形3號或4號、緞帶

◆ 使用の部分

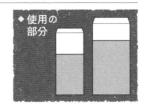

✂ *How to Craft* ✂

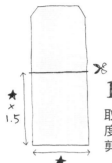
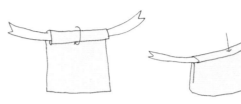

1
取寬度1.5倍為高度，與底部平行剪下。

2
放進想要包裝的物品後，袋口夾住緞帶捲起。

3
將捲摺數次的部分整平，再拉起尾端的緞帶。

4
將袋口繞成圓圈，緞帶打結，完成！

枕形包裝

→ P.12

使用有厚度的信封製作，就能確實地作出枕頭
形狀。

材料

長形3號或4號

◆ 使用の部分

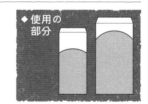

✂ *How to Craft* ✂

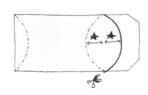
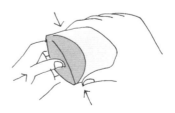
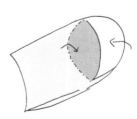

1
使用如瓶子等圓柱物，如圖所示以錐子畫出曲線褶痕，再沿粗線剪下。
※以沒水的原子筆作為錐子的替代品也ok。

2
按壓信封底部，作成立體形狀。

3
放進包裝內容物，袋口沿著曲線從兩側作山摺，完成！

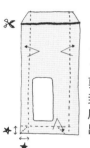

✂ *How to Craft* ✂

開窗手提袋

→ P.12

重點在於可以從窗口看到裡面的禮物。

材料
開窗長形3號、緞帶

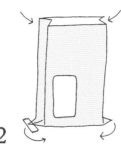
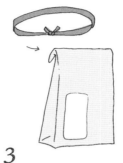

1
剪掉開窗信封的封口，在兩端&底部的虛線處作出褶痕。

2
將步驟1摺成側幅。底角多餘的三角形以膠帶固定於底部。

3
放進想要包裝的物品，袋口向內捲摺，夾入預先打結的緞帶後，再多捲幾次。

4
如圖所示，以釘書針固定摺疊的袋口，完成！

✂ *How to Craft* ✂

三角錐包裝

→ P.13

圓滾滾又立體的三角錐可愛包裝袋。

材料
長形3號或4號、緞帶

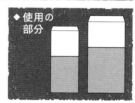

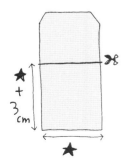
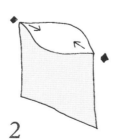

1
以比寬度長3cm左右為高度，平行底部剪下。

2
攤開袋身，將標示◆記號的邊角互相對合。

3
放進想要包裝的物品。將對摺的緞帶夾於袋口一起捲摺，袋口捲兩次後以釘書針固定，完成！

紙膠帶使用技巧

　　紙創作不可或缺的材料就是紙膠帶。只是在信封的邊緣貼上一圈，或是將寬版設計的紙膠帶撕開作點綴，就能簡單營造出稍許手作感。

　　我在一個作品上最多使用三種紙膠帶，這種配色比例應該是比較適當的。當然，將已經貼好的膠帶撕下重貼也是常有的煩惱。但是將這樣的「感覺」動手「實現」的過程，也是啟發想像力的愉悅時光！

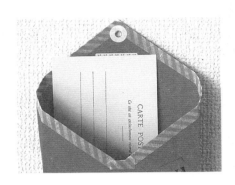

Part.2

快樂地裝飾玄關 & 房間 *

信 封 擺 飾

迷你洋裝

→ P.14

利用信封內側花樣作成小洋裝。以「信封翻面技巧」
（P.32）製作，就能營造出時髦的氛圍。

材料

所有信封（作品範例為長形4號）

◆ 使用の部分

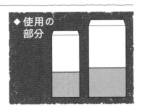

✂ *How to Craft* ✂

A type

紙型
P.111

10 cm

8cm

1
底部朝上放置，除了肩膀的肩線
部分，其餘皆沿著粗線剪開。

2
沿著虛線往內摺。

3
以接著劑貼合上下重
疊處，完成！

B type

紙型
P.111

9 cm

6.5 cm

1
底部朝上放置，除了肩膀的肩線部
分，其餘皆沿著粗線剪開。

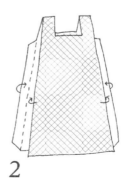

2
沿著虛線往內摺。

3
以接著劑貼合上下重
疊處，完成！

迷你 T-shirt

→ P.14

使用部分的信封花樣來製作，就能完成有趣的
T-shirt。

◆使用の
部分

材料
長形4號

✂ *How to Craft* ✂

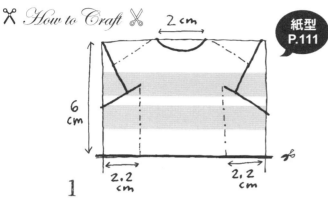

紙型
P.111

1
底部朝上放置，沿著粗線剪開。

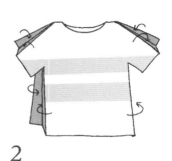

2
將肩膀＆脇邊往內摺，完成！

迷你低跟鞋＆樂福鞋

→ P.15

推薦以多彩的信封製作女用低跟鞋，男用的樂
福鞋則以「信封翻面技巧」（P.32）來製作。

◆使用の
部分

材料
所有信封（作品範例為長形3號）

✂ *How to Craft* ✂

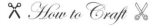

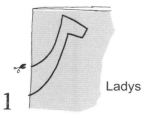

Ladys

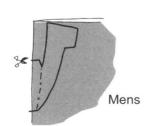

Mens

紙型
P.109

1
男鞋＆女鞋皆沿粗線剪開。

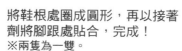

2
將鞋根處圈成圓形，再以接著
劑將腳跟處貼合，完成！
※兩隻為一雙。

迷你襯衫

→ P.15

使用「信封翻面技巧」（P.32），就能簡單完成
白領圍的襯衫。

◆ 使用の
部分

材料
長形 4 號

✄ *How to Craft* ✄

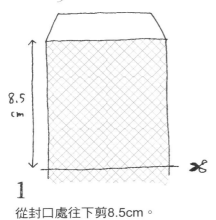

1

從封口處往下剪8.5cm。

8.5 cm

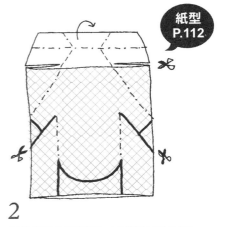

紙型
P.112

2

沿粗線剪下領圍、兩邊袖子＆下
擺，再將信封口外翻對摺。

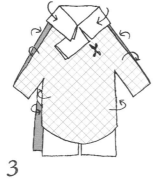

3

將步驟2的虛線往內摺入。領圍
從背面往正面作山摺後，剪掉多
餘部分。

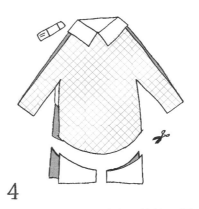

4

以接著劑將領圍貼合，剪掉下擺
多餘的部分，完成！

迷你帽子

→ P.15

帽山的部分使用小信封製作，帽沿的部分則是以信封袋身剪下甜甜圈狀。此作品能充分享受顏色＆花樣組合的樂趣。

材料

小信封、長形3號或4號、緞帶

◆ 使用の部分
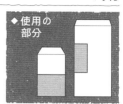

✂ *How to Craft* ✂

紙型 P.112

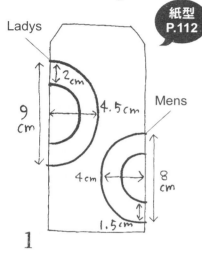

1

帽沿：利用信封的袋身依照圖示裁切。

※正中間的圈可以剪小一點，利用步驟5來調整也ok喔！

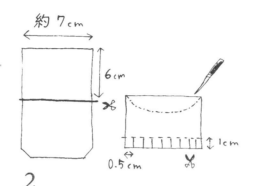

2

帽山：將小信封如圖所示尺寸裁剪，下方寬度1cm的部分以0.5cm為間隔剪出切口。上方則以瓶子等圓柱狀物品，如圖所示以錐子加上曲線的壓痕。

※以用完的原子筆當作錐子的代用品也ok。

3

輕壓小信封底部，作出立體形狀。

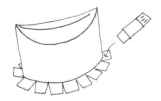

4

將步驟2的切口部分作谷摺，於朝上的面塗抹接著劑。

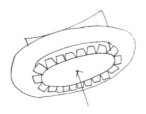

5

將步驟1的帽沿放入步驟4的帽山，將塗膠的部分貼合於帽沿上。

6

以緞帶作裝飾，完成！

購物袋

→ P.16

迷你版購物袋。也能用來當作禮物的包裝。

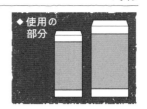
◆ 使用の部分

材料
長形3號或4號、繩子

✄ *How to Craft* ✄

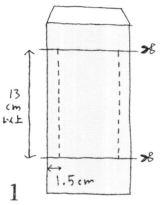

13cm以上

1.5cm

1
如圖所示，依照喜好裁剪成13cm以上的高度。

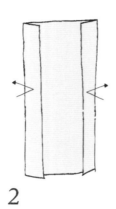

2
確實摺出兩端的側幅。

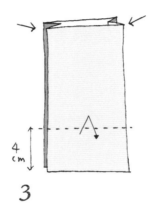

4cm

3
將側幅往內摺入。在距離底部4cm處，從兩側作出褶痕。

4
將步驟3的褶痕作谷摺，底部內側的兩端摺出三角形（★標記）。

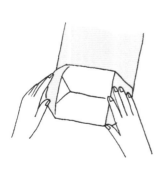

5
兩端如圖所示摺疊，將內側的三角形壓扁。

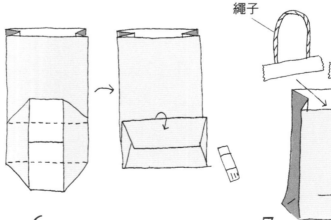

繩子

膠帶

6
虛線部分作谷摺後，將摺出來的底部塗膠貼合。

7
以膠帶將提把的繩子貼在袋子內側。另一側作法亦同，完成！

船形托特包

以稍微帶點厚度的信封更容易整理出船形。

→ P.16

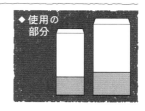

◆ 使用の部分

材料

長形3號或4號、繩子、紙膠帶

How to Craft

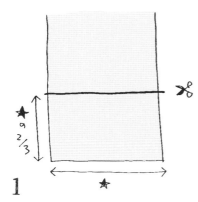

1

取寬度的2／3為長度,平行底部剪下。

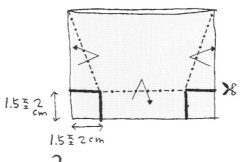

2

剪去圖示的粗線部分,在虛線處作出褶痕。

※作品範例的切口,長形3號為2cm、
　長形4號為1.5cm。

1.5至2cm

1.5至2cm

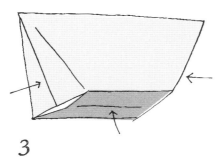

3

如圖所示將兩端＆底部攤開,整理成船型。

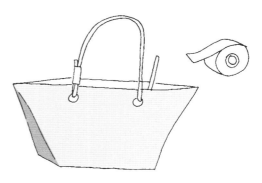

4

上緣處以打洞器打兩個孔,穿過當作提把的繩子,以紙膠帶固定。另一側作法亦同,完成!

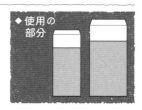

單柄提籃

→ P.16

以有厚度的信封就能確實地作出形狀，配合蕾絲紙片來完成帶有高雅質感的作品吧！

◆ 使用の部分

材料

長形3號或4號、圓形蕾絲紙片（長形3號約9cm，長形4號約8cm。）

✂ *How to Craft* ✂

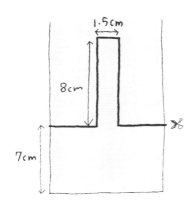

1.5cm

8cm

7cm

1

底部朝下放置，剪開圖示的粗線部分。
※長形4號以5.5cm為高度，提把高度為7cm。

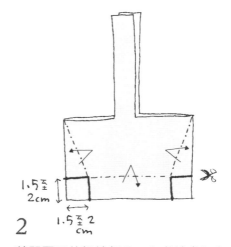

1.5至2cm

1.5至2cm

2

剪開圖示的粗線部分，在虛線處加上褶痕。
※作品範例的切口，長形3號為2cm、長形4號為1.5cm。

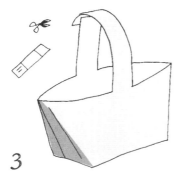

3

將兩端＆底部攤開，整理形狀且貼合提把。

蕾絲紙

4

將蕾絲紙片對摺剪開，貼在提把底部，作出從包包外側可以稍稍看見蕾絲的狀態。
※蕾絲紙片只貼在袋身一側。

迷你梯形包

→ P.17

試著以信封來作名牌包包吧！僅加上腰帶，
時尚感立刻倍增！

材料

長形3號、繩子、腰帶用紙

◆ 使用の部分

✂ *How to Craft* ✂

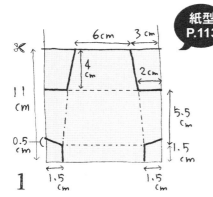

紙型 P.113

1

底部朝下放置，剪開圖示的
粗線部分。

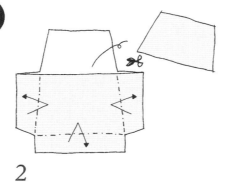

2

如圖所示只剪去上片，在
虛線處作出褶痕。

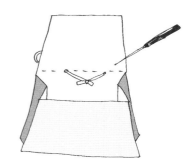

3

將兩端＆底部往內側摺。
於袋蓋內側以錐子穿出兩
個孔洞，再穿過當作提把
用的繩子，在內側打結。

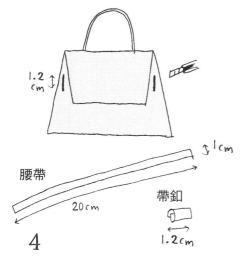

4

重疊兩側幅，在包包的袋蓋兩側
以刀片割出切口，且依圖示尺寸
製作腰帶＆帶釦。

5

將腰帶從背面兩端
穿回正面。

6

將帶釦捲繞腰帶＆塗
膠貼合，完成！

迷你扁包

→ P.17

以加強圈當作包包的固定釦。挑選可愛的小信封來製作吧！

◆ 使用の部分

材料

小信封、緞帶、加強圈

How to Craft

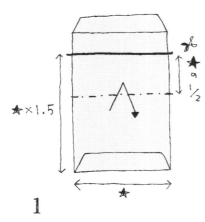

1

取寬度1.5倍長為高度，平行底部裁剪，且於虛線處作出褶痕。

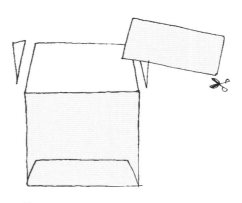

2

剪開上片頂端的褶痕部分。如圖所示將下片剪去兩角，作為包包的袋蓋。

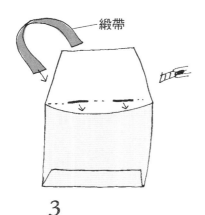

緞帶

3

如圖所示，袋蓋內側以刀片割出切口＆穿過當作提把的緞帶。

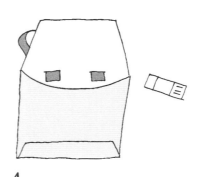

4

將穿過的緞帶在內側塗膠固定。

加強圈

5

蓋上包包的袋蓋，將補強圈貼在包包＆袋蓋的重疊處，完成！

外出用托特包

→ P.17

名牌風包包第2彈！重點在於使用色彩鮮艷的信封作為提把。

材料

紅色（黃色、深藍色等）的長形4號、長形4號、繩子

◆ 使用の部分
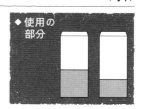

✂ *How to Craft* ✂

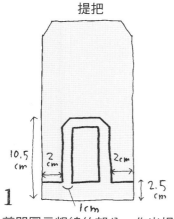

提把　　　　　　　　　　主體

10.5 cm　2 cm　2cm　2.5 cm　1cm　6.5 cm

1

剪開圖示粗線的部分，作出提把＆主體。

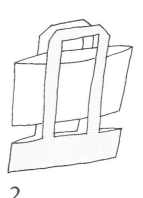

2

將主體插入提把內

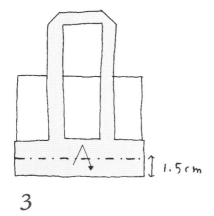

1.5cm

3

虛線處作出褶痕。

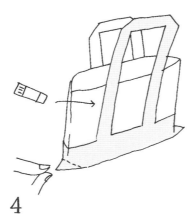

4

將底部攤開＆摺出側幅，以手指將兩底角捏成三角形，再將提把＆主體塗膠貼合。

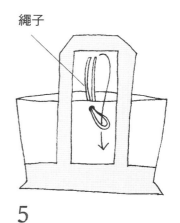

繩子

5

在主體的單側面開孔後，穿過裝飾用的繩子，完成！

巴黎鐵塔

→ P.18

以信封製作會讓人想起巴黎的巴黎鐵塔吧！

材料
長形4號、展望台用紙

◆ 使用の部分

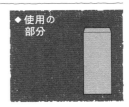

✂ *How to Craft* ✂

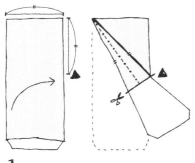

1
將左側邊疊摺於右側邊
▲標記處〈與信封寬度
等長處〉，沿著粗線剪
開，作成等腰三角形。

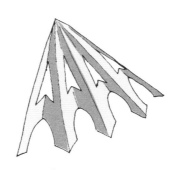

紙型
P.113

2
將剪下的等腰三角形
再次對摺，剪去粗線
的部分。

3
攤開等腰三角形，
作蛇腹摺。

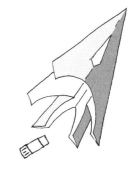

4
將谷摺處相互疊
合，自內側塗膠
貼合，完成！

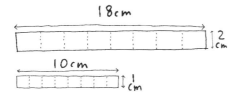

5
展望台：如圖示尺寸裁剪，對摺三次
半作出8等分褶痕，再蛇腹摺。

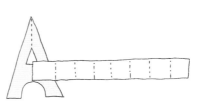

6
將展望台的紙張一端塗膠，如圖所示自正
中央起將寬2cm的紙捲繞於鐵塔圓形弧度
的上方，寬1cm的紙張則捲繞於鐵塔空心
三角形的上方。最後再將邊端塗膠貼合，
完成！

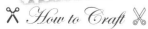

東京晴空塔

→ P.18

若以藍色的紙張製作展望台，就更像晴空塔了！

→ P.18

◆ 使用の部分

材料

長形3號、展望台用紙

✂ *How to Craft* ✂

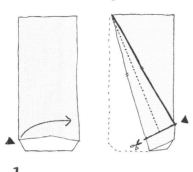

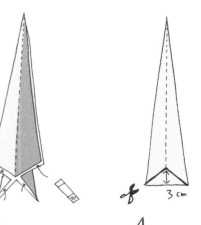

1
將標示▲處重疊摺至信封的右邊，沿著粗線剪出等腰三角形。

2
將剪下的等腰三角形再次對摺後，攤開作蛇腹摺。

3
將谷摺處相互疊合，自內側塗膠貼合，完成！

4
如圖所示摺疊，剪去粗線部分。

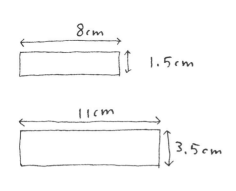

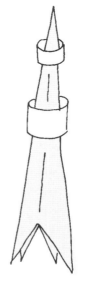

5
展望台：依圖示尺寸裁剪。

6
將寬3.5cm的紙張的一端稍微摺一下，捲貼於晴空塔正中央，再將另一端塗膠貼合。

7
將寬1.5cm的紙捲繞於塔頂下方一小段的距離處，以同樣作法黏貼，完成！

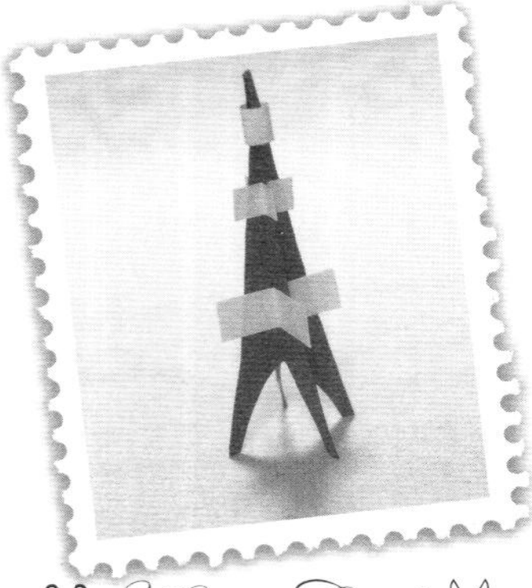

東京鐵塔

→P.18

以白色的紙張製作展望台＆以紅色信封製作鐵塔，
會更像東京鐵塔喔！

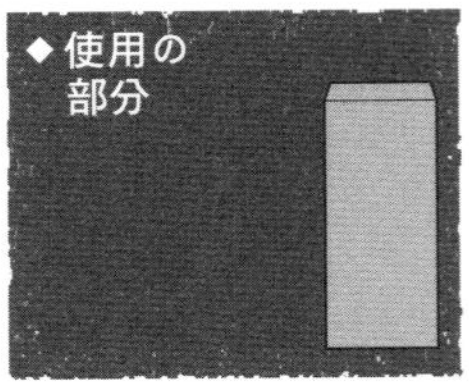

材料

長形4號、展望台用紙

How to Craft

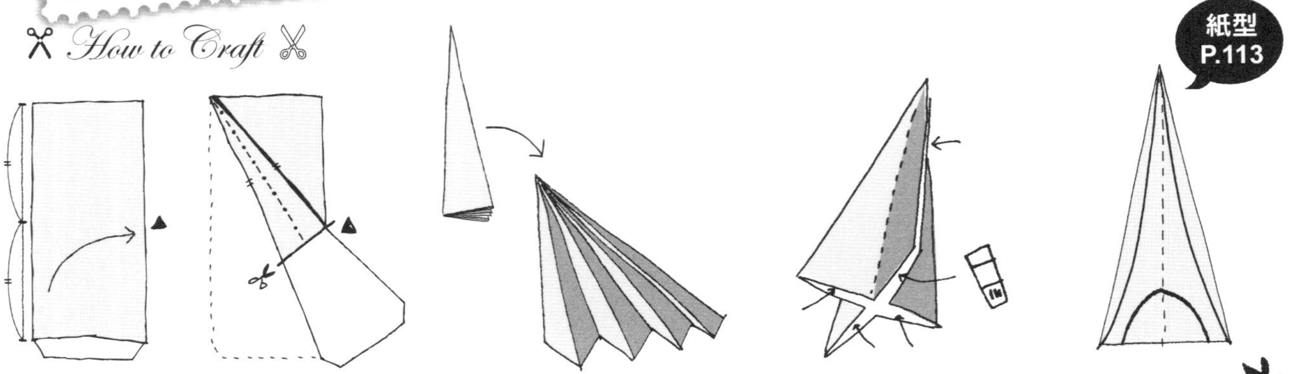

1
將左邊疊摺於▲標記處〈信封主體一半高度的位置），沿粗線剪開，作出等腰三角形。

2
將剪下的等腰三角形再次對摺後，攤開來作蛇腹摺。

3
將谷摺處相互疊合，自內側塗膠貼合，完成！

4
如圖所示剪去粗線部分。

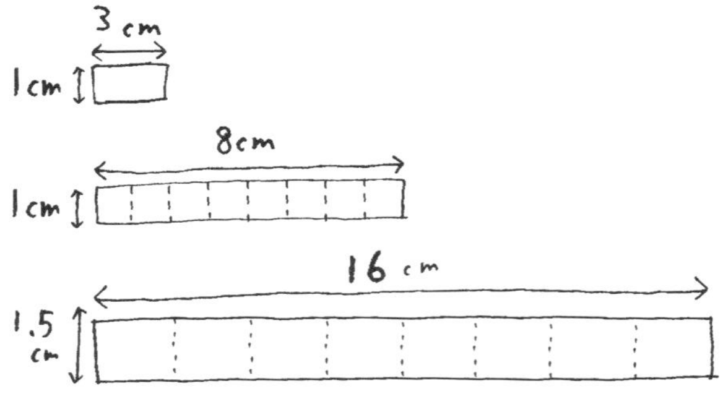

5
展望台：依照圖示尺寸裁剪，對摺三次半作出8等分褶痕，作蛇腹摺。

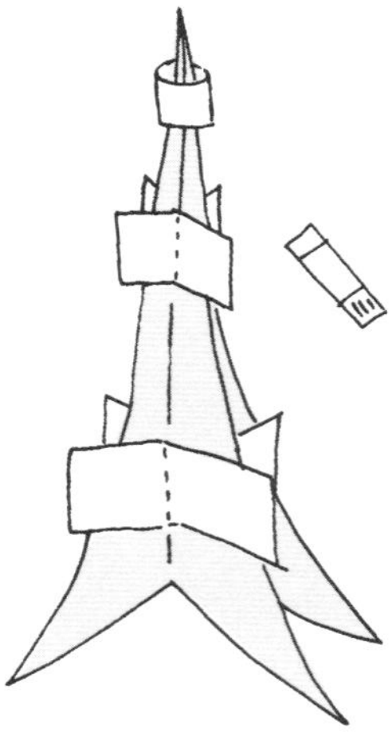

6
將寬1.5cm的紙張捲繞於鐵塔正中央的下方，寬1cm的紙張捲繞於鐵塔正中央再稍微往上的位置，尾端皆塗膠貼合。再於塔頂稍微往下的位置捲貼上寬1cm的無褶痕紙張，同樣將尾端塗膠貼合，完成！

汽車

就算是相同剪法，只要改變摺法就能完成箱形車、普通車＆復古車等各種車款喔！

→ P.18

◆ 使用の部分

材料

長形3號

✂ *How to Craft* ✂

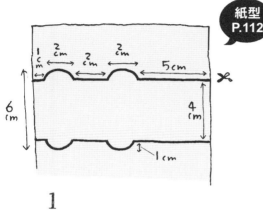

紙型 P.112

1

如圖所示剪開粗線部分。

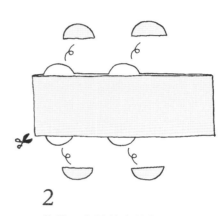

2

裁剪下上片的車輪部分。

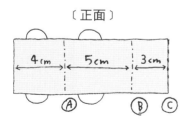

〔正面〕

3

上片的Ⓐ＆Ⓑ作山摺，Ⓒ作谷摺。

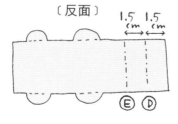

〔反面〕

4

下片的Ⓓ＆Ⓔ作山摺，車輪作谷摺。

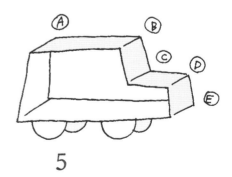

5

如圖所示展開，完成！

電車

→ P.19

放進人偶，就能從窗口看見搭乘電車的人偶的
臉，非常有趣！用來玩扮家家酒也OK。

材料

開窗長形3號

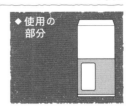

◆ 使用の
　部分

✂ *How to Craft* ✂

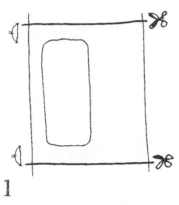

1

如圖所示，將窗緣到粗線的間
隔調整一致後，沿粗線剪開。

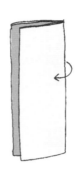

2

直立對摺。

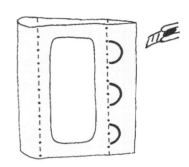

3

如圖所示打開，在透視窗面的
右側割出直徑2cm的半圓，作
為車輪。正面＆背面同時各割
出3個。

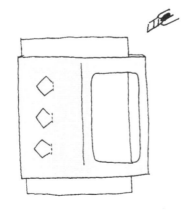

4

在透視窗面的左側作出導電架。
如圖所示，僅於上片割出四角
形，但底部不要割斷。
※建議放進厚紙板比較容易割劃。

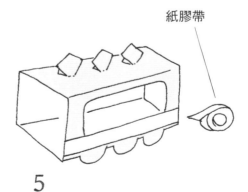

紙膠帶

5

掀開割劃的部分，整裡出電車
的形狀。再以紙膠帶等作裝
飾，完成！

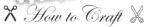

大樓

以有厚度的信封製作，就能完成結構扎實の大樓。
變化樓高＆窗形來建造各種樣式的大樓吧！

→ P.19

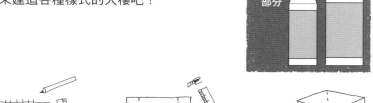

◆ 使用の部分

材料
長形3號或4號

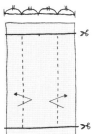

1
如圖所示依喜好的高度沿粗線剪開。讓兩側邊往內摺入信封的縱向中央線，在虛線處作出褶痕。

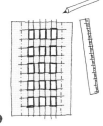

2
攤開一次，以鉛筆＆尺在正面畫出窗戶。

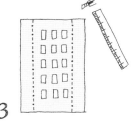

3
以尺＆刀片將正反面同時割出窗戶的形狀，再以橡皮擦擦去鉛筆線條。

4
整理成四角形，完成！

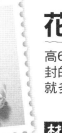

花瓶裝飾

高6cm直徑8cm左右的玻璃杯正適合長形4號信封的高度。要捲繞更大直徑的花瓶＆杯子時，就多作幾個接連起來使用吧！

→ P.20

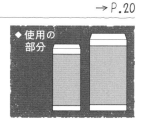

◆ 使用の部分

材料
長形3號或4號

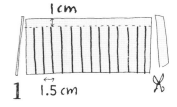

1
剪掉封口＆底部。如圖所示橫擺，將虛線部分作出褶痕，再以1.5cm為間隔剪出切口。

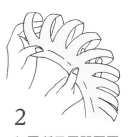

2
如圖所示展開圈圈。

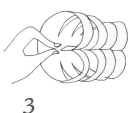

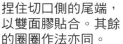

3
捏住切口側的尾端，以雙面膠貼合。其餘的圈圈作法亦同。

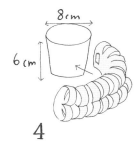

4
將圈圈內側的兩端貼上雙面膠，捲貼於花瓶或杯子上，完成！

北歐風彩燈

→ P.20

幾何花樣交錯的彩燈，可以直接裝飾在房間，也能當作間接照明。建議使用不容易發熱的LED燈，不要讓紙張碰觸到燈泡喔！

※ 請特別注意照明器具的熱度。

◆ 使用の部分

材料

長形3號、燈泡（作品示範使用電池式的LED蠟燭燈）

✂ *How to Craft* ✂

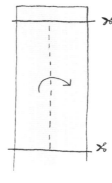

1

依自己喜好的高度剪開圖示的粗線部分，直立對摺。

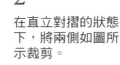

紙型 P.114

2

在直立對摺的狀態下，將兩側如圖所示裁剪。

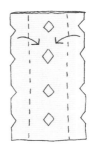

3

攤開一次，將剪出的花樣重新摺至中央，虛線部分作谷摺。

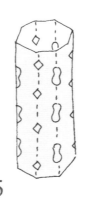

紙型 P.114

4

如圖所示裁剪兩側。

5

輕輕打開，整理成8角形。

燈泡

6

放進燈泡，完成！

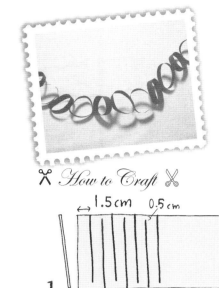

圓圈花環

最適合用來為家庭派對等場合裝飾房間了！因為是以信封製成，所以不需接著劑也能完成。

→ P.21

材料
長形3號或4號

◆ 使用の部分

✂ *How to Craft* ✂

1
剪去封口＆底部。依照圖示橫擺，保留上下交錯的連接部分0.5cm，以1.5cm的間隔剪出切口。

2
壓開連接部分，將圈圈側面重疊＆作出褶痕。

3
小心地往左右展開，不要破壞連結部分，完成！

愛心花環

將信封剪成連接圈，利用原有的褶痕就能完成可愛的愛心！

→ P.21

材料
長形 3 號或 4 號

◆ 使用の部分

✂ *How to Craft* ✂

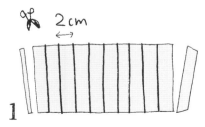

1
剪去封口＆底部。依照圖示橫擺，以2cm的間隔剪出切口。

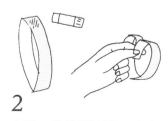

2
在圖示的位置塗膠，以手指捏住塗膠部分的內側，使之貼合。其餘的圈環作法亦同。

也能作成四瓣幸運草喔！

3
在心形側面塗膠，將所有的愛心圈連接起來。

郵票&印章使用技巧

　　舊郵票也是我很喜歡的紙類素材之一。在小空間中表現出精巧又可愛的設計，光是看著就讓人覺得雀躍！

　　在信封外貼上國外的舊郵票＆重疊蓋上印章，一瞬間就展現出彷彿歷經歲月的氛圍，真是不可思議！

　　一直以來，我都是在作品完成後再貼上舊郵票。故意稍微貼出來一些，之後再剪掉多餘部分，若配上不小心蓋歪的印章，更是別有一番趣味呢！

Part.3

親子同樂 *

信封玩具

國王の皇冠

→ P.22

如剪紙般，只需將信封重疊裁剪，就能完成國王的皇冠。將它應用在扮家家酒遊戲＆慶生會上吧！

材料

長形 3 號或 4 號

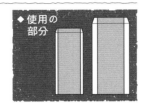

◆ 使用の部分

✂ *How to Make* ✂

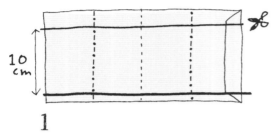

10 cm

1

將信封橫放，在封口塗膠黏合，再剪下粗線的部分。
※長形4號預留8.7cm的高度。

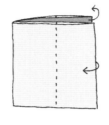

2

摺成4等分的蛇腹狀。

紙型 P.114

3

如圖所示以剪刀＆刀片切割。
攤開後整理形狀，完成！

公主の后冠

→ P.23

小女生喜歡的公主遊戲的后冠。在慶生會＆以女孩子為主角的活動上活躍地運用吧！

材料

長形3號或4號

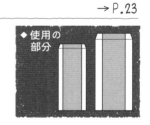

◆ 使用の部分

✂ *How to Craft* ✂

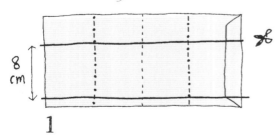

8 cm

1

將信封橫放，在封口塗膠黏合，再剪下粗線的部分。
※長形4號預留7cm的高度。

2

摺成4等分的蛇腹狀。

紙型 P.114

3

如圖所示以剪刀＆刀片切割。
攤開後整理形狀，完成！

時髦手環

→ P.23

以「信封翻面技巧」（P.32）完成的摩登手環。

材料

長形 3 號

◆ 使用の部分

✂ *How to Craft* ✂

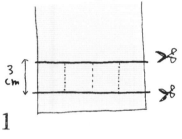

3 cm

1

剪下粗線部分。

2

摺成4等分的蛇腹狀。

3

如圖所示剪去邊角。

4

攤開後整理形狀，完成！

項鍊

→ P.23

若想提升洋裝的質感，要不要試試看這樣的項鍊呢？

材料

長形3號、緞帶

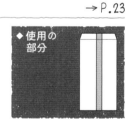

◆ 使用の部分

✂ *How to Craft* ✂

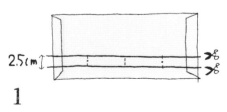

2.5 cm

1

將信封橫放，於封口處塗膠黏合，再剪下粗線部分。

2

摺成4等分的蛇腹狀。

紙型 P.115

3

如圖所示裁剪。

4

攤開後整理形狀＆剪開一處以膠帶將兩端貼上緞帶，完成！
※緞帶在脖子後打結。

蝴蝶結緞帶

→ P.24

利用信封的圈環作成可愛的蝴蝶結。插上髮夾當作孩子的髮飾，或當作送禮用的緞帶。

長形4號

◆ 使用の部分

How to Craft

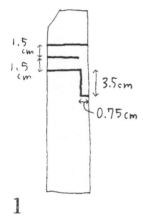

1
將信封直向對摺，剪下圖示的粗線部分。

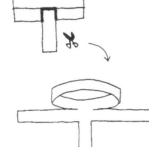

2
先攤開一次，剪開上片的圖示粗線部分後，左右攤開。

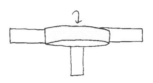

3
如圖所示將上方的圈圈往下摺疊。

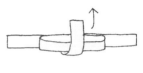

4
將下方垂直的部分捲繞至圈圈背面。

5
在緞帶圈圈兩端的內側按壓，攤開圈圈。

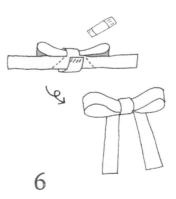

6
將綁住圈圈的尾端內側塗膠黏合，再如圖所示在虛線部分作谷摺。

7
將緞帶尾端剪出V字，完成！

矢車菊胸針

→ P.24

活用「信封翻面技巧」（P.32）的花樣，
完成華麗的矢車菊。

材料

長形3號或4號、安全別針

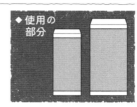

◆ 使用の部分

✂ *How to Craft* ✂

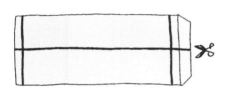

1

將信封的封口＆底部剪掉，
再剪成一半的高度。

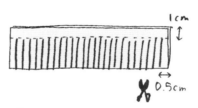

2

將袋身側邊朝下，在距離上
端1cm處作出褶痕，下端則
以0.5cm的間隔剪開。

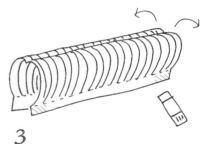

3

切口的部分朝上，翻至背面對
合褶痕。再於標示斜線處塗抹
接著劑，翻回正面後將內側貼
合，確實地打開花瓣。

4

如圖所示，在花瓣根部貼上雙
面膠帶，捲繞黏合。
※若要用於裝飾原子筆＆鉛筆時，
　開始捲繞的第一圈不要貼雙面
　膠，即可自由取下。

5

攤開花瓣的圈圈，並將花
瓣摺成放射狀。

安全別針

6

如圖所示，以膠帶將安全別針
貼在花梗處，完成！

沙發

→P.25

有扶手的沙發，玩娃娃遊戲時可以使用喔！

材料

長形3號

◆使用の部分

✂ *How to Craft* ✂

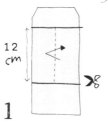

1

如圖所示剪開粗線位置，再縱向對摺作出褶痕。

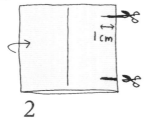

2

將步驟1的褶痕移到右端，剪出切口。

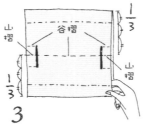

3

再將褶痕移回步驟1的原位，將信封袋身側邊如圖所示轉到上下側，摺出虛線的部分。

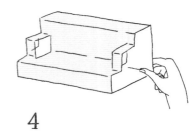

4

於背面的一半處作出山摺，整理成立體形狀，完成！

衣櫥

→P.25

活用開窗信封製作衣櫥。掛上迷你洋裝＆T-Shirt，就能從窗口看到也是種樂趣哩！

材料

開窗長形3號

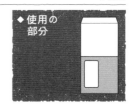

◆使用の部分

✂ *How to Craft* ✂

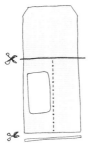

1

剪開底部＆粗線部分，於虛線處作山摺。

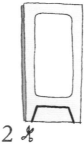

2 ✂

在對摺的狀態下剪開粗線。

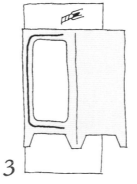

3

先攤開一次，如圖所示以刀片切開粗線。
※建議墊入厚紙板會比較容易切割。

4

如圖所示組合成立體形狀，完成！

茶几

配合沙發製作成套的茶几,將杯子&杯墊擺設在
茶几上吧!

材料

長形3號

◆ 使用の
部分

✂ *How to Craft* ✂

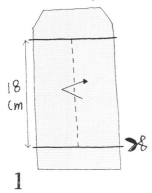

1

如圖剪開粗線位
置,再縱向對摺
作出褶痕。

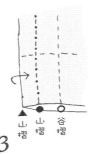

2

依照圖示剪去上片的斜
線部分,且於虛線位置
加上褶痕。

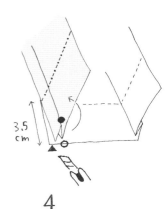

3

先攤開一次,將▲
標記的褶線移至最
旁邊。
●&▲記號的線條
作山摺,○標記的
線條作谷摺。

4

如圖所示打開,從
底部割開3.5cm的
開口。四個角作法
皆同。

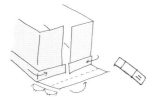

5

將切口處作山摺,下面
多出來的部分取一半的
寬度作谷摺,在重疊處
塗膠貼合。另一邊作法
亦同。

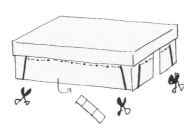

6

剪開當作桌腳的粗線處,
桌腳以外的部分往內側入
&塗膠貼合,完成!

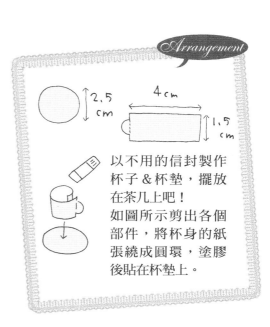

Arrangement

以不用的信封製作
杯子&杯墊,擺放
在茶几上吧!
如圖所示剪出各個
部件,將杯身的紙
張繞成圓環,塗膠
後貼在杯墊上。

Part3　親子同樂☆ 信封玩具　　93

遊艇

以開窗信封作成遊艇，放上人偶之後還能拿來玩
角色扮演遊戲哩！

開窗長形3號

→ P.26

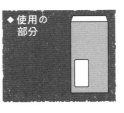

◆ 使用の
部分

✂ *How to Craft* ✂

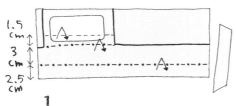

1

將信封橫擺，剪掉封口。如圖
所示剪開粗線，虛線部分加上
褶痕。

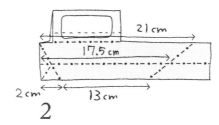

2

如圖所示在斜虛線處加
上褶痕。

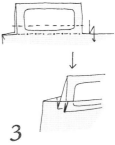

3

將透視窗如圖所
示向內收摺。

4

船頭前方如圖所示，
往內側摺入立起。

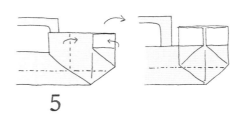

5

打開內摺的部分，將兩
端各往內側中心對摺。

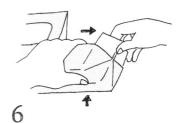

6

打開內摺的正中央，往前方
拉出。同時將底部從下方按
住，作出側幅。

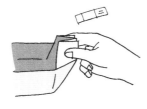

7

打開內摺的正中央
作山摺，且於內側
塗膠後貼合。

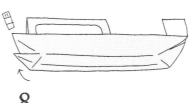

8

將船底攤開摺出側幅，多餘的
三角形則向上摺＆塗膠貼合。

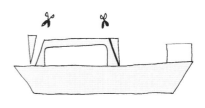

9

剪去船艙上方的邊角，
完成！

帆船

→ P.26

使用藍色系內側花樣的信封，就能作出清爽的帆船。

材料

長形3號

◆ 使用の
部分

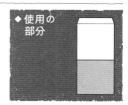

✂ How to Craft ✂

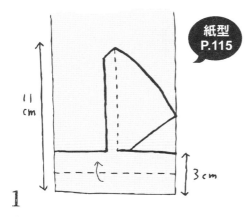

紙型
P.115

11
cm

3cm

1

底部朝下放置，如圖所示剪開
粗線部分。

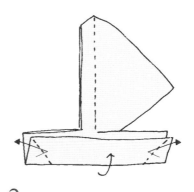

2

將底部對半上摺，於虛線位
置作出褶痕。

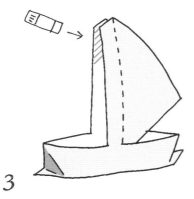

3

將對摺的底部回復成原狀，攤
開兩端摺出側幅＆整理船底形
狀後，在斜線部分塗膠黏合。

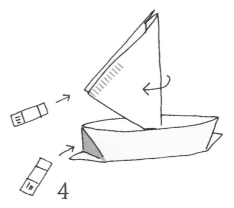

4

將船底兩端的三角形往上摺且塗
膠貼合。船帆往反向摺＆在斜線
部分內側塗膠貼合，完成！

海浪

→ P.26

以水藍色&藍色信封來製作吧！只要稍微改變波浪的剪法，就能作出各種波浪。也推薦以「信封翻面技巧」（P.32）製作喔！

材料

長形3號或4號

◆ 使用の部分

✂ *How to Craft* ✂

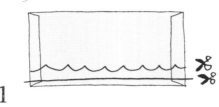

1

將信封橫擺，於封口處上膠黏合，再依自己喜好的高度剪開粗線部分。
※將信封直立擺放橫切，就能作出小波浪。

2

鬆鬆地展開信封，完成！

魚兒

→ P.27

以「信封翻面技巧」（P.32）就能完成各種花紋的魚兒。

材料

長形4號

◆ 使用の部分

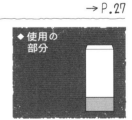

✂ *How to Craft* ✂

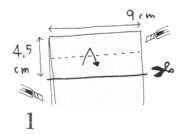

1

底部朝上放置，如圖所示剪開粗線部分。以刀片割開兩側邊，且於虛線部分作出褶痕。

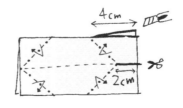

2

剪開粗線部分，於虛線部分作出褶痕。

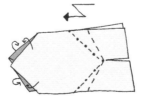

3

魚頭往內摺入，尾巴則往內側兩段式收摺。

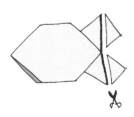

4

剪去尾巴的粗線部分，完成！

鯨魚

→ P.27

推薦以黑色信封製作主體，再以色紙來製作噴水會更好看！

材料

長形4號、噴水用的紙

◆使用の部分

How to Craft

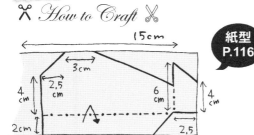

紙型 P.116

1 將底部朝右放置，如圖所示剪開粗線部分，且於虛線處作出褶痕。

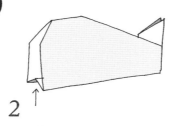

2 尾巴往內側收摺，肚子也往內側摺入。

紙型 P.118

〔背面〕

3 以膠帶在背面的上端貼上剪成噴水形狀的紙，完成！

松鼠

→ P.28

濃密的尾巴是重點，在手上放些什麼也很可愛哩！

材料

小信封

◆使用の部分

How to Craft

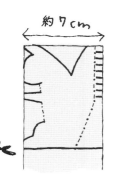

紙型 P.116

1 底部朝上放置，如圖所示剪開粗線部分，且於虛線處作出褶痕。

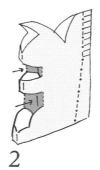

2 將虛線部分往內側摺入。

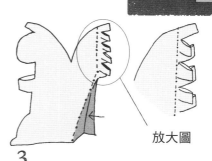

放大圖

3 尾巴的下端也往內側摺。將尾巴左右交錯壓摺，作出濃密感，完成！

兔子

→ P.28

看起來隨時準備蹦跳的兔子。以表裡同色的信封來製作吧！

材料

長形3號或4號

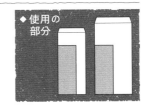

◆ 使用の部分

✂ *How to Craft* ✂

紙型 P.115

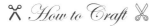

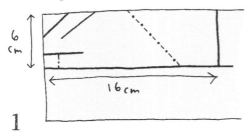

1

底部朝左放置，如圖剪開粗線部分。

2

以刀片將耳朵如圖所示割開，前腳的部分往內側摺入。

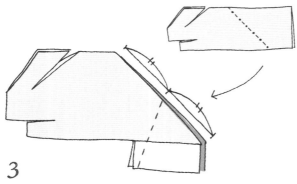

3

後腳的虛線部分往內側收摺。完成後再依虛線部分作谷摺。另一側作法亦同。

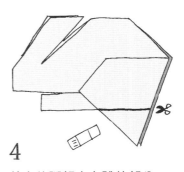

4

剪去後腳超出身體的部分。

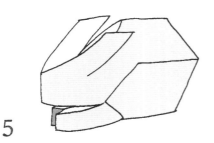

5

將兔子的身體鬆鬆地展開，完成！

樹木

→ P.28

立體的杉木。搭配動物們一起玩吧！

材料

長形3號

◆ 使用の部分

✂ *How to Craft* ✂

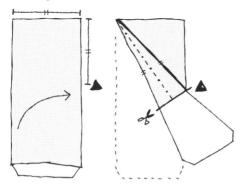

1

將左側邊疊摺於右側邊▲標記處〈與信封寬度等長處〉，剪開粗線部分作成等腰三角形。

紙型
P.114

2

將剪下來的等腰三角形再次對摺後，剪去粗線部分。

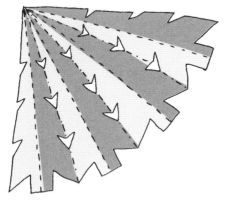

3

將等腰三角形攤開一次，作蛇腹摺。

4

將谷摺的部分相互疊合，自內側塗膠貼合，完成！

山 & 草

→ P.28

能稱作是情景模型名配角的山&草。只要加入擺設，
氣氛可是完全不一樣喔！

材料

長形3號或4號

◆ 使用の部分

✂ *How to Craft* ✂

山

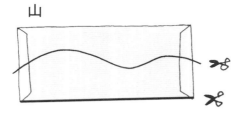

1
將信封橫擺後，
在封口處塗膠黏
合。依個人喜歡
高度剪開粗線，
作成山形。

2
將袋身蓬鬆地展
開，完成！

草

1
將信封橫切成圈
環，再自正中央
剪成鋸齒狀。

2
將袋身蓬鬆地展
開，完成！

行道樹

→ P.29

一轉眼就能完成四株樹！作出大量的樹木接連起來，
當作壁飾也ok喔！

材料

長形3號

◆ 使用の部分

✂ *How to Craft* ✂

9 cm

1
將信封橫切至9cm高。

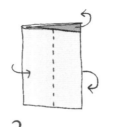

2
以蛇腹摺摺
成4等分。

紙型 P.116

3
如圖所示剪去
粗線部分。

4
打開圈環剪開粗線處，完成！
※不要讓蛇腹摺的褶痕過度伸
開，樹木才比較容易站立。

暴龍

→ P.29

只是剪下摺疊信封，就能作出大人&小孩都喜歡的恐龍！

◆ 使用の
部分

材料

長形3號

✂ *How to Craft* ✂

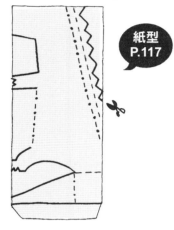

紙型
P.117

1

底部朝上放置，如圖所
示剪開粗線部分。

2

將肚子往內側摺入，且
於虛線處加上摺痕。

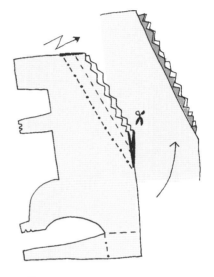

3

恐龍的背脊：剪開圖示的粗
線部分，分別作出山摺&谷
摺，再將背脊往內側摺。

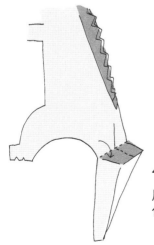

4

尾巴處如圖所示
作出谷摺。

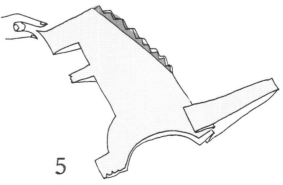

5

將尾巴根部的兩側，如夾住背部般的摺
疊。捏住鼻子前端拉出角，完成！

雷龍

草食性恐龍的代表——雷龍。長長的脖子＆尾巴是重點喔！

→ P.29

材料

長形3號

◆ 使用の部分

✂ *How to Craft* ✂

紙型 P.117

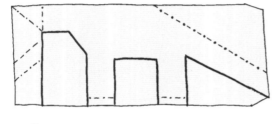

脖子　　　　　　　尾巴

1

底部朝左放置，如圖所示剪開粗線部分，且於虛線處加上褶痕。

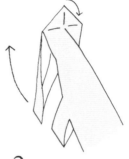

2

脖子：袋身摺疊攤開，將圖上三角形部分如夾著脖子般，往尾巴方向下摺。

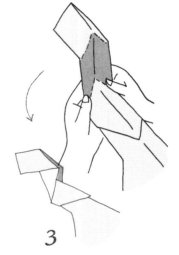

3

將脖子部分如圖作出谷摺、山摺，摺出臉。

〔背面〕

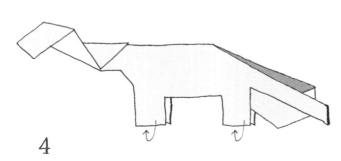

4

將腳的部分往內側摺入，尾巴也往內側摺。

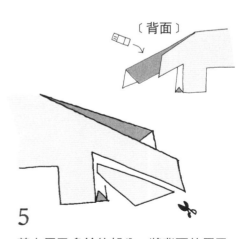

5

剪去尾巴多餘的部分，將背面的尾巴重疊處塗膠貼合，完成！

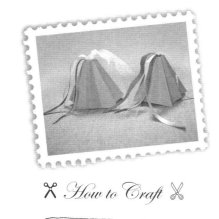

火山

作出暴龍&雷龍後，連火山也一起完成吧！
以緞帶可愛地表現出火山噴發的情景。

→ P.29

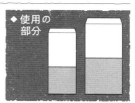
◆ 使用の
部分

材料
長形3號或4號、緞帶2至3條

✂ *How to Craft* ✂

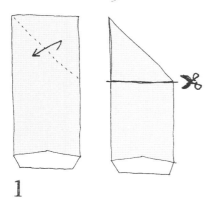

1
如圖所示將右上角往左摺，
剪開粗線部分。

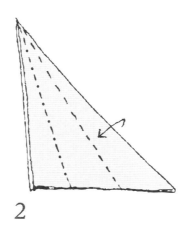

2
以步驟1的狀態再摺三褶。

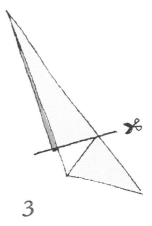

3
摺好後剪去粗線部分。

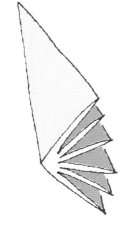

4
攤開步驟3，如圖所示交
叉作蛇腹摺。

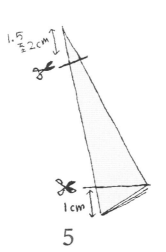

5
在蛇腹摺的狀態下，剪
去上方&下方的粗線。

6
展開&從上方穿進緞
帶，且以膠帶固定於
內側，完成！

小碎步手指偶

踮著腳尖到處遊玩的手指偶。在人偶的手上寫下
留言來玩耍吧！

材料

長形3號、紙膠帶、紅色色紙

◆ 使用の部分

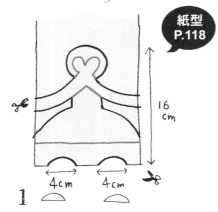

紙型 P.118

1

底部朝下放置，如圖所
示剪開粗線部分。
※不要剪到淺色線的位置。

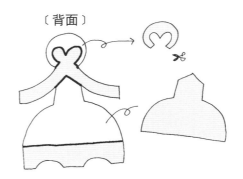

〔背面〕

2

翻至背面，僅將上片如圖
所示剪去粗線部分。

紙膠帶

3

手腕翻至正面，將紅色色紙
製作的蝴蝶結貼在頭上，肚
子處則以紙膠帶作出腰帶。

4

從背面將手指穿進裙子的切口，
完成！

Arrangement

畫上表情&留言吧！將裙
子加上裝飾也很可愛唷！

貓咪手指偶

→ P.31

從開孔伸出手指來玩的手指偶，小小孩也會很高興唷！就算變得破破爛爛也能立刻重新製作，這點最令人高興了！

材料

長形4號

◆ 使用の部分

✂ *How to Craft* ✂

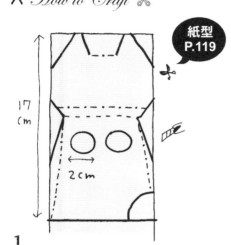

紙型 P.119

17 cm

2 cm

1
底部朝上放置，如圖所示剪開粗線部分。

〔背面〕

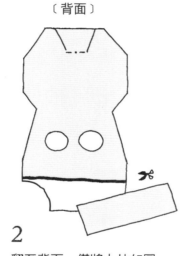

2
翻至背面，僅將上片如圖所示剪去粗線部分。

〔正面〕

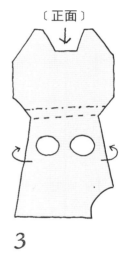

3
將身體兩側＆頭部的褶痕往內摺入。

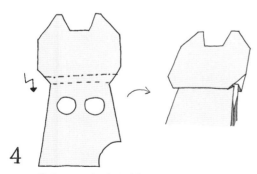

4
下巴往內側兩段式收摺。

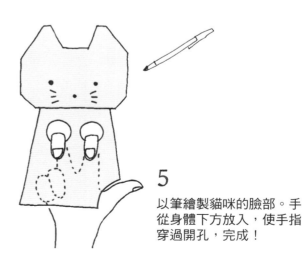

5
以筆繪製貓咪的臉部。手從身體下方放入，使手指穿過開孔，完成！

兔子手指偶

→ P.31

可愛兔子的手指玩偶。黑兔子、白兔子、咖啡色
野兔……以各色信封製作會很愉快喔！

材料

長形4號

◆ 使用の
部分

✂ *How to Craft* ✂

紙型
P.119

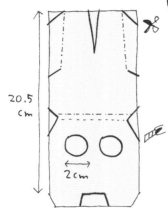

20.5
cm

2cm

1

底部朝上放置，如圖
所示剪開粗線部分。

〔背面〕

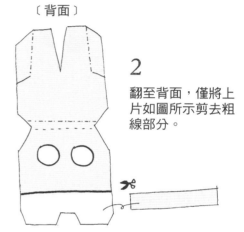

2

翻至背面，僅將上
片如圖所示剪去粗
線部分。

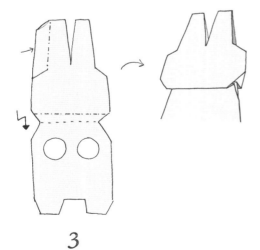

3

兩側耳朵往內摺入，下
巴往內側兩段式收摺。

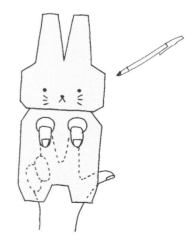

4

以筆繪製兔子的臉部。手從
身體下方放入，使手指穿過
開孔，完成！

大象手指偶

→ P.31

將手指當作象鼻，擺動手指遊玩的手指偶。

材料

長形3號

◆ 使用の部分

✂ *How to Craft* ✂

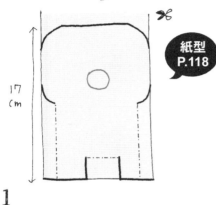

1

底部朝下放置，如圖所示剪開粗線部分。

※注意不要剪到淺色線正中間的洞。

〔背面〕

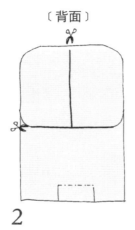

2

翻至背面，如圖所示僅將上片剪去粗線部分。

〔正面〕

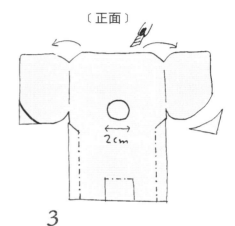

3

將大象耳朵往左右展開＆剪去下方的邊角，再以刀片割下鼻子處的圖示粗線部分。

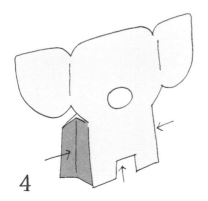

4

將身體兩端＆腳的中間往內摺。

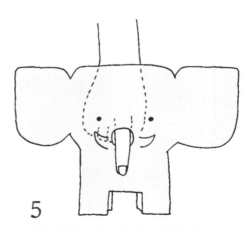

5

以筆繪製大象的臉部。從身體上方放進手，將當作象鼻的手指從洞中伸出，完成！

紙 型
Pattern

※除了特別標記之外，
所有尺寸皆為實際尺
寸。

✂ **小鳥留言夾**
長形3號／P.38

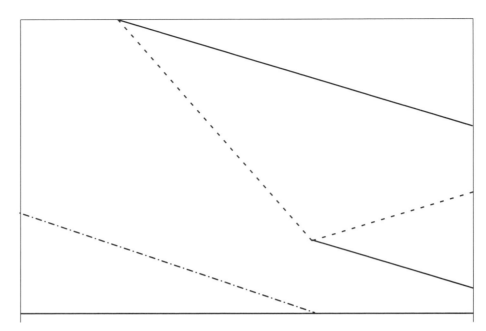

✂ **大象留言夾**
長形3號／P.40

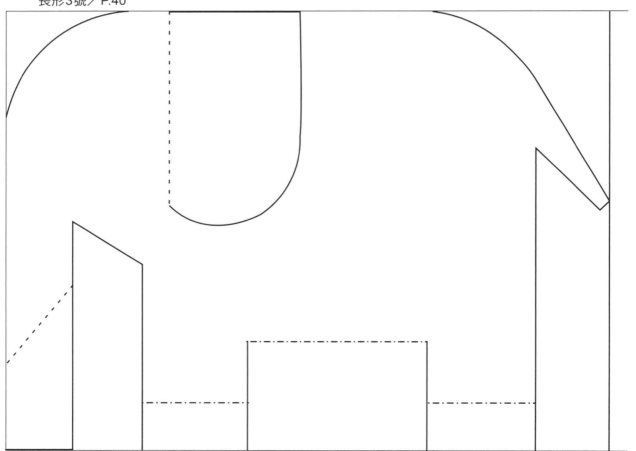

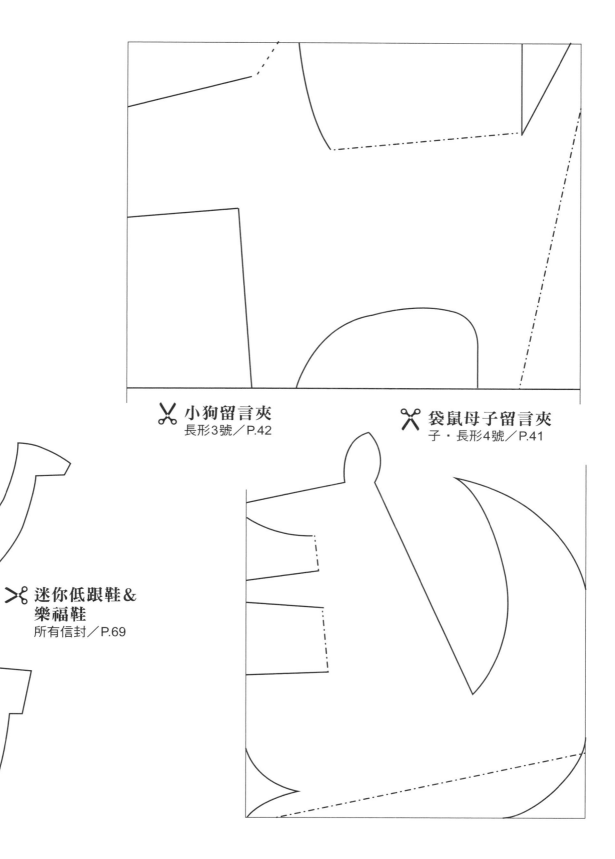

✂ 小狗留言夾
長形3號／P.42

✂ 袋鼠母子留言夾
子・長形4號／P.41

✂ 迷你低跟鞋&
樂福鞋
所有信封／P.69

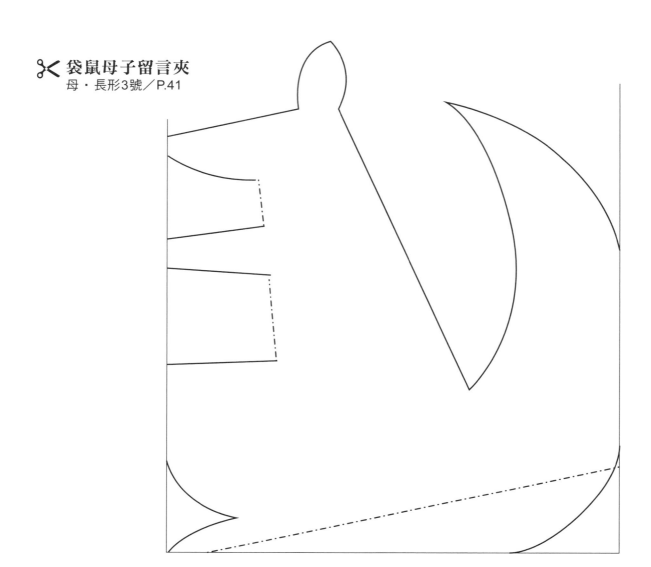

✂ **袋鼠母子留言夾**
母・長形3號／P.41

✂ **花朵**
所有信封／P.57

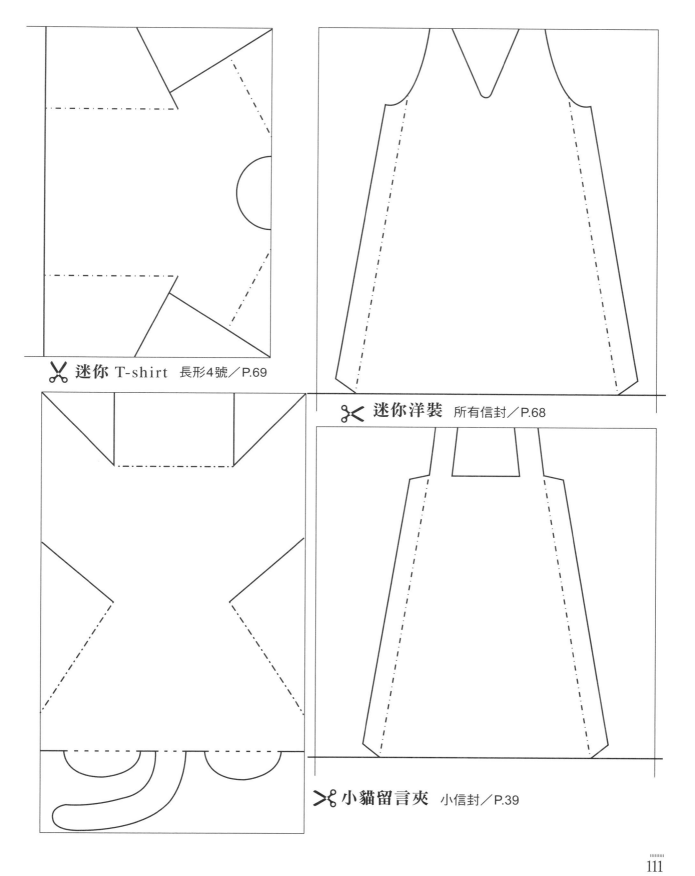

✂ 迷你 T-shirt　長形4號／P.69

✂ 迷你洋裝　所有信封／P.68

✂ 小貓留言夾　小信封／P.39

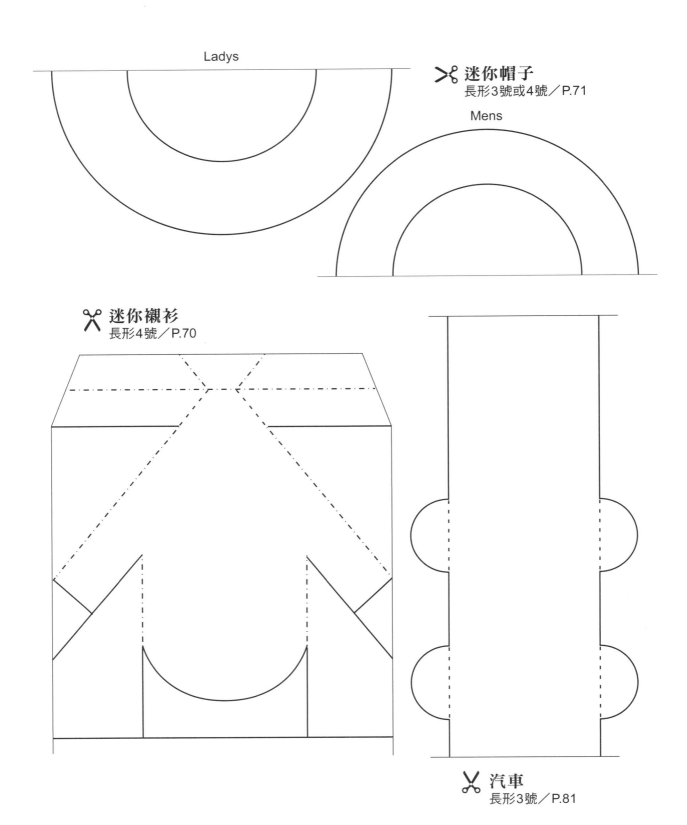

Ladys

✂ 迷你帽子
長形3號或4號／P.71

Mens

✂ 迷你襯衫
長形4號／P.70

✂ 汽車
長形3號／P.81

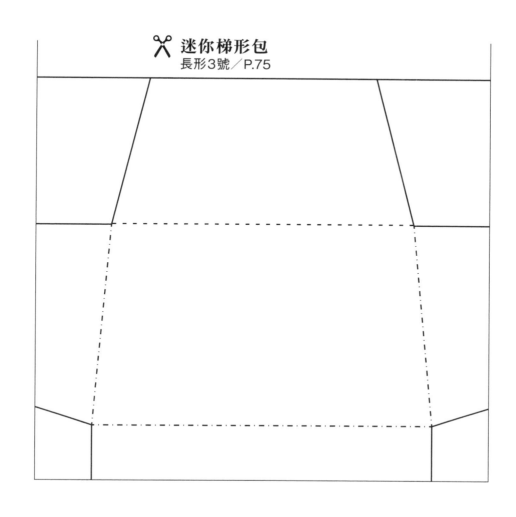

✂ **迷你梯形包**
長形3號／P.75

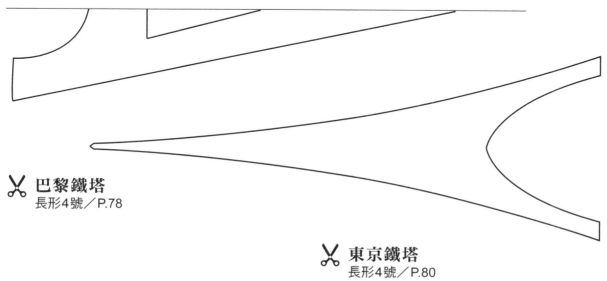

✂ **巴黎鐵塔**
長形4號／P.78

✂ **東京鐵塔**
長形4號／P.80

北歐風彩燈
長形3號／P.84

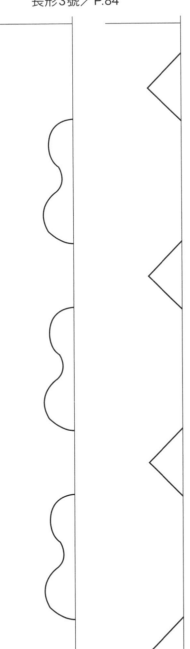

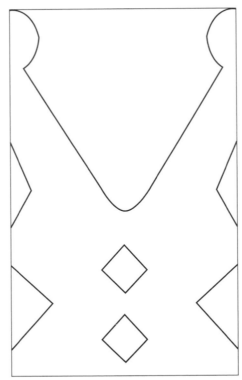

國王の皇冠
長形3號或4號／P.88
※使用長形4號請縮小87%。

公主の后冠
長形3號或4號／P.88
※使用長形4號請縮小87%。

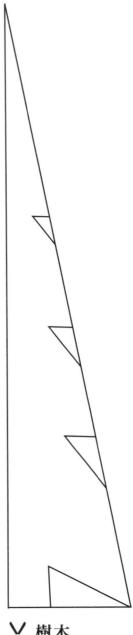

樹木
長形3號／P.99

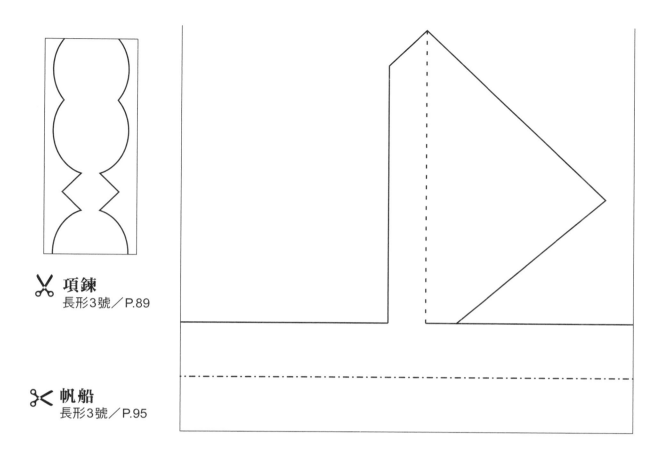

 **項鍊**
長形3號／P.89

✂️ **帆船**
長形3號／P.95

✂️ **兔子**
長形3號或4號／P.98

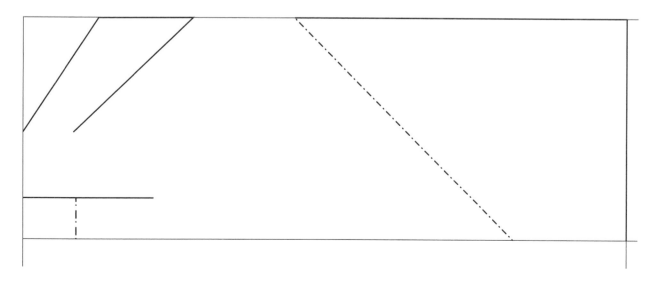

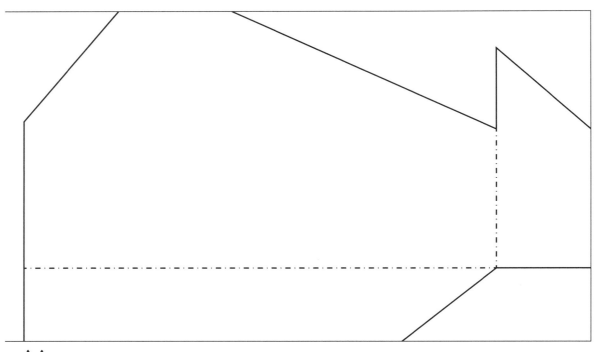

✂ **鯨魚**
長形4號／P.97

✂ **松鼠**
小信封／P.97

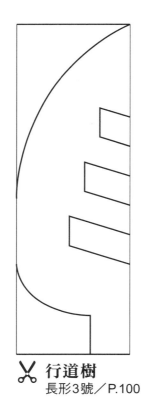

✂ **行道樹**
長形3號／P.100

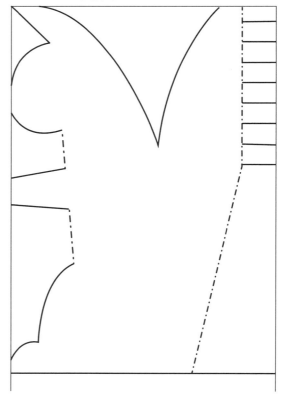

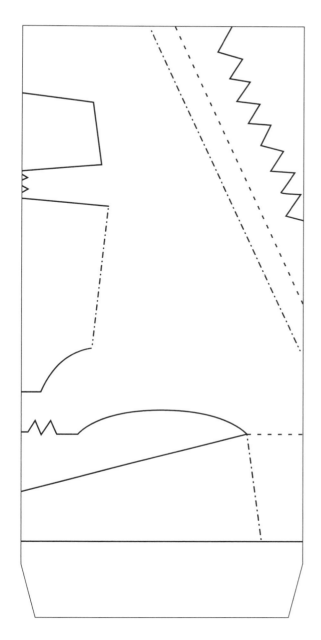

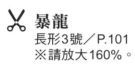 **暴龍**
長形3號／P.101
※請放大160%。

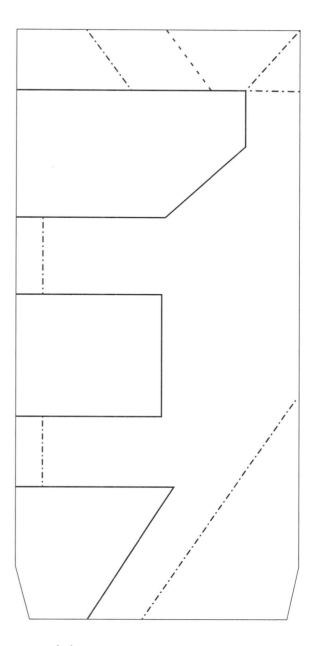

✂ **雷龍**
長形3號／P.102
※請放大160%。

✂ **小碎步手指偶**
長形3號／P.104
※請放大160%。

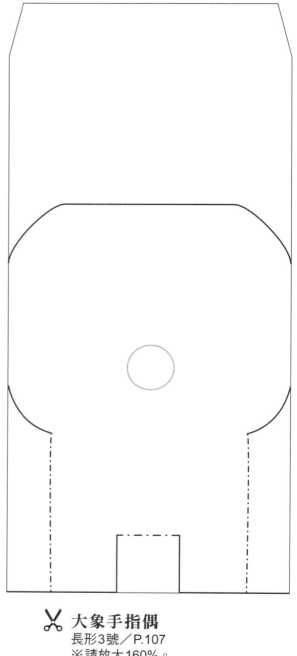

✂ **大象手指偶**
長形3號／P.107
※請放大160%。

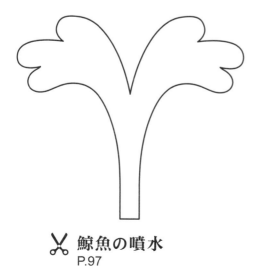

✂ **鯨魚の噴水**
P.97

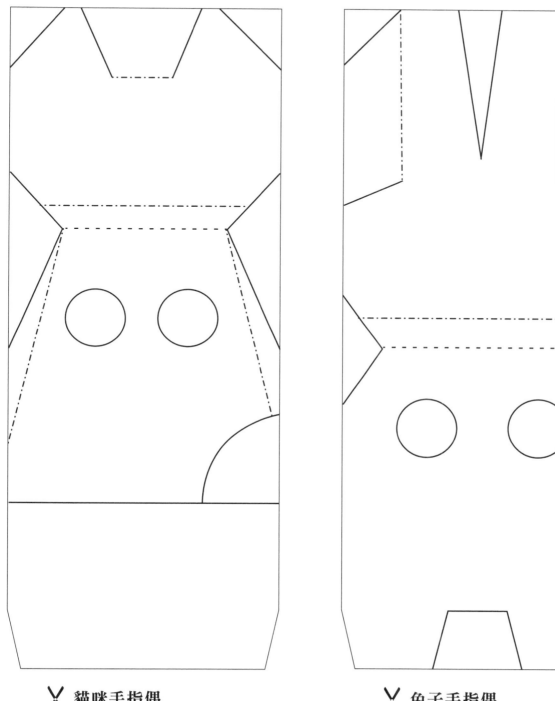

✂ **貓咪手指偶**
長形4號／P.105
※請放大125%。

✂ **兔子手指偶**
長形4號／P.106
※請放大125%。

🐾趣・手藝 55

每日の趣味・剪開信封輕鬆作紙雜貨
你一定會作的N個可愛版紙藝創作

作　　者／宇田川一美
譯　　者／莊琇雲
發 行 人／詹慶和
總 編 輯／蔡麗玲
執行編輯／陳姿伶
編　　輯／蔡毓玲・劉蕙寧・黃璟安・白宜平・李佳穎
封面設計／翟秀美
美術編輯／陳麗娜・周盈汝・韓欣恬
內頁排版／翟秀美
出 版 者／Elegant-Boutique新手作
發 行 者／悅智文化事業有限公司　　郵政劃撥帳號／19452608
戶　　名／悅智文化事業有限公司
地　　址／220新北市板橋區板新路206號3樓
網　　址／www.elegantbooks.com.tw
電子郵件／elegant.books@msa.hinet.net
電　　話／(02)8952-4078
傳　　真／(02)8952-4084

2015年11月初版一刷　定價280元

FUUTOU DE KAWAII KOMONO WO TSUKURIMASHITA
Copyright © 2012 by Kazumi Udagawa
Originally published in Japan in 2012 by PHP Institute, Inc.
Traditional Chinese translation rights arranged with PHP Institute, Inc.
through CREEK&RIVER CO., LTD.

經銷／高見文化行銷股份有限公司
地址／新北市樹林區佳園路二段70-1號
電話／0800-055-365　　傳真／(02)2668-6220

＊Staff

編輯・構成・DTP：creative sweet
主文設計・攝影：小河原德（C-S）
文：西田明美（C-S）
攝影協力：潮見優成・立花太一・藪內菜摘
　　　　　エクチュア　からほり「蔵」本店
信封材料協力：株式會社 山櫻
裁剪圖形：宇田川一美

國家圖書館出版品預行編目(CIP)資料

每日の趣味.剪開信封輕鬆作紙雜貨：你一定會作
的N個可愛版紙藝創作 / 宇田川一美著；莊琇雲
譯. -- 初版. -- 新北市：新手作出版：悅智文化發行,
2015.11
　　面；　公分. -- (趣·手藝；55)
ISBN 978-986-92077-3-7(平裝)

1.手工藝 2.紙工藝術 3.文具

　426.68　　　　　104020602

＊作者介紹

宇田川一美

生於1970年。自武藏野美術大學畢業後，以雜貨製造商的設計師的身分涉略了商品企劃＆成立商店等雜貨相關工作。目前作為自由作家，以雜貨企畫設計、書籍＆雜誌的插畫為中心積極活動中。

著有《手づくり文房具》（池田書店）、《イラストとクラフトで手づくりライフログノート》（技術評論社）、《手づくり歲時記12か月》（幻冬舍エデュケーション）等。

趣・手藝 13

動手作好玩の56款寶員
の玩具：不織布．互楞紙．
零碼布：生活素材大變身！
BOUTIQUE-SHA◎著
定價280元

趣・手藝 14

隨手可摺紙雜貨：75招超
便利回收紙應用提案
BOUTIQUE-SHA◎著
定價280元

趣・手藝 15

超萌手作！歡迎光臨黏土
動物園挑戰可愛橷限の居
家實用小物65款
幸福豆手創館（胡瑞娟 Regin）◎著
定價280元

趣・手藝 16

166枚好紙系·超簡單創
意剪紙圖案集：摺！剪！
開！完美剪紙3 Steps
室岡昭子◎著
定價280元

趣・手藝 17

可愛又華麗的俄羅斯娃娃&
動物玩偶：繪本風の不織布
創作
北向邦子◎著
定價280元

趣・手藝 18

玩不織布扮家家酒！——
在家自己作12間超人氣甜
點屋&西餐廳&壽司店的
50道美味料理
BOUTIQUE-SHA◎著
定價280元

趣・手藝 19

文具控最愛的手工立體卡片：
超簡單！看圖就會作！
祝福卡不打烊！萬用卡．生
日卡．節慶卡自己一手搞
定！
鈴木孝美◎著
定價280元

趣・手藝 20

初學者ok啦！一起來作36
隻超萌の串珠小鳥
市川ナラミ◎著
定價280元

趣・手藝 21

超有雜貨FU！文具控&手作
迷一看就想刻のとみこ橡
皮章手作創意明信片x包裝
小物x雜貨風實物
とみこはん◎著
定價280元

趣・手藝 22

剪+貼+縫！88款不織布の
季節布置小物
BOUTIQUE-SHA◎著
定價280元

趣・手藝 23

Bonjour!可愛喲！超簡單巴
黎風點土小旅行：
旅行．甜點．娃娃．雜貨
——女孩最愛の造型黏土
BOOK
蔡青芬◎著
定價320元

趣・手藝 24
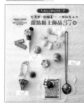
macaron可愛進化！
布作x刺繡．手作56款超
人氣花花式馬卡龍吊飾
BOUTIQUE-SHA◎著
定價280元

趣・手藝 25

「布」一樣の可愛！26個牛
奶盒作的布盒·完美收納紙
膠帶&桌上小物
BOUTIQUE-SHA◎著
定價280元

趣・手藝 26

So yummy!甜在心黏土蛋
糕揉一揉．捏一捏．我也是
甜心糕點大師！（暢銷新裝
版）
幸福豆手創館（胡瑞娟 Regin）◎著
定價280元

趣・手藝 27

紙的創意！一起來作75道
簡單又好玩的摺紙甜點×
料理
BOUTIQUE-SHA◎著
定價280元

趣・手藝 28

活用度100%！500枚橡皮
章日日刻
BOUTIQUE-SHA◎著
定價280元

趣・手藝 29

nap's小可愛手作帖：小
玩皮！雜貨控の手縫皮革
小物
長崎優子◎著
定價280元

趣・手藝 30

誘人的夢幻手作！光澤感
超擬真．一眼就愛上の甜
點黏土飾品37款
河出書房新社編輯部◎著
定價300元

趣・手藝 31

心意·造型·色彩all in
one 一次學會緞帶．紙張
の包裝設計24招！
長谷良子◎著
定價300元

趣・手藝 32

愛上女孩の優雅&浪漫
天然石．珍珠の結編飾品
設計69款
日本ヴォーグ社◎著
定價280元

趣・手藝 33

Party Time!女孩兒の
可愛不織布甜點家家酒：
廚房用具．甜點．麵包
．Pizza．醬盒．套餐
BOUTIQUE-SHA◎著
定價280元

趣・手藝 34

動動手指就OK！三秒鐘
愛上62枚可愛的摺紙小物
BOUTIQUE-SHA◎著
定價280元

趣・手藝 35

簡單好縫大成功！一次學
會65件超可愛小物×實
用長夾
金澤明美◎著
定價320元

趣・手藝 36

超好玩&超益智！趣味摺
紙大全集一完整收錄157
件超人氣摺紙動物&紙玩
具
主婦之友社◎授權
定價380元

雅書堂 ⅢB 新手作

雅書堂文化事業有限公司
22070新北市板橋區板新路206號3樓
facebook 粉絲團:搜尋 雅書堂
部落格 http://elegantbooks2010.pixnet.net/blog
TEL:886-2-8952-4078 ‧ FAX:886-2-8952-4084

趣‧手藝 37

大日子／小手作！365天都
能送的祝福系手作黏土禮
物提案FUN送BEST.60
幸福豆手創館（胡瑞娟 Regin）
師生合著
定價320元

趣‧手藝 38

100%可愛的塗鴉裝飾！
手帳控＆卡片迷都愛學的
手繪風文字圖繪750點
BOUTIQUE-SHA◎授權
定價280元

趣‧手藝 39

不澆水！黏土作的啦！超
可愛多肉植物小花園；仿
真雜貨×人氣配色×手
作綠意——懶人在家也能
作的經典款多肉植物黏土
BEST.25
蔡青芬◎著
定價350元

趣‧手藝 40

簡單‧好作の不織布換裝
娃娃時尚微手作——4款
風格娃娃×80件魅力服裝
＆配飾
BOUTIQUE-SHA◎授權
定價280元

趣‧手藝 41

Q萌玩偶出沒注意！
輕鬆手作112隻療癒系の
可愛不織布動物
BOUTIQUE-SHA◎授權
定價280元

趣‧手藝 42

【完整教學圖解】
搭×疊×剪×刻4步驟完成
120款美麗剪紙
BOUTIQUE-SHA◎授權
定價280元

趣‧手藝 43

9 位人氣作家可愛發想大
集合每天都想使用的萬用
橡皮章圖案集
BOUTIQUE-SHA◎授權
定價280元

趣‧手藝 44

動物系人氣手作！
DOGS ＆ CATS‧可愛の
掌心貓狗動物偶
須佐沙知子◎著
定價300元

趣‧手藝 45

初學者の第一本UV膠飾品
教科書：從初學到進階！製
作超人氣作品の完美小祕
訣All in one！
熊崎堅一◎監修
定價350元

趣‧手藝 46

定食‧麵包‧拉麵‧甜點‧擬
真度100%！輕鬆作1/12の
微型樹脂土美食76道
ちび子◎著
定價320元

趣‧手藝 47

全齡OK！
親子同樂！動腦力遊戲
完全版‧趣味翻花繩大全集
野口廣◎監修
主婦之友社◎授權
定價399元

趣‧手藝 48

牛奶盒作の！美麗布盒設計
60選 清爽收納×空間點綴
の好點子
BOUTIQUE-SHA◎授權
定價280元

趣‧手藝 49
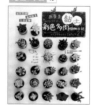
原來是黏土！MARUGO
の彩色多肉植物日記：
自然素材‧風格雜貨‧
造型盆器懶人在家也能
作的經典多肉植物黏土
ZAKKA.27
丸子（MARUGO）◎著
定價350元

趣‧手藝 50

CANDY COLOR
TICKET
超可愛の糖果系透明樹
脂×樹脂土甜點飾品
CANDY COLOR TICKET◎著
定價320元

趣‧手藝 51

Rose window美麗＆透光
玫瑰窗對稱剪紙
平田朝子◎著
定價280元

趣‧手藝 52

玩黏土‧作陶器！
可愛北歐風別針77選
BOUTIQUE-SHA◎授權
定價280元

趣‧手藝 53

New Open‧開心玩！
開一間超人氣の不織布甜點屋
堀內さゆり◎著
定價280元

趣‧手藝 54
Paper‧Flower‧Gift
小清新生活美學‧
可愛の立體剪紙花飾四季帖
くまだまり◎著
定價280元

Cher Jean et Béatrice et …

Je vous envoie co…

et bonne et heureuse année et …

… meilleur vœux pour …

basse